U0939804

镇江林业病虫

徐小明　周爱东　编著

江苏大学出版社
JIANGSU UNIVERSITY PRESS
镇　江

图书在版编目（CIP）数据

镇江林业病虫 / 徐小明，周爱东编著. — 镇江：江苏大学出版社，2020.12

ISBN 978-7-5684-1360-2

Ⅰ. ①镇… Ⅱ. ①徐… ②周… Ⅲ. ①林业—病虫害防治—镇江—手册 Ⅳ. ①S763-62

中国版本图书馆CIP数据核字（2020）第053681号

镇江林业病虫

ZHENJIANG LINYE BINGCHONG

编　　著 / 徐小明　周爱东
责任编辑 / 张　平
出版发行 / 江苏大学出版社
地　　址 / 江苏省镇江市梦溪园巷30号（邮编：212003）
电　　话 / 0511-84446464（传真）
网　　址 / http://press.ujs.edu.cn
排　　版 / 南京月叶图文制作有限公司
印　　刷 / 扬州皓宇图文印刷有限公司
开　　本 / 787mm × 1 092 mm　1/16
印　　张 / 15
字　　数 / 300千字
版　　次 / 2020年12月第1版　2020年12月第1次印刷
书　　号 / ISBN 978-7-5684-1360-2
定　　价 / 60.00元

前 言
Preface

镇江素有“城市山林”的美誉，位于江苏省西南部，地处长江下游南岸。全市总面积 3847 平方公里，由宁镇—茅山低山丘陵区和长江新三角洲平原区构成。属北亚热带季风气候，温暖湿润，四季分明，年平均气温 15.4℃，年平均降水量 1222.3 毫米，年累计日照时数为 2051.7 小时。镇江森林资源丰富，主要森林植被由针叶林、落叶阔叶林、落叶与常绿阔叶混交林和针阔混交林组成，有马尾松、黑松、湿地松、杉木、侧柏、水杉、麻栎、黄檀、榉树、朴树、短柄枹树、青冈栎、石栎、麻栎、黄连木、苦槠、石楠、香樟、枫香、刺槐和杨树等 74 科 183 属 394 种。珍稀树种有宝华玉兰、秤锤树、鹅掌楸、楸树、红豆树、栓皮栎、榔榆等。2019 年底，全市有林地面积 667.48 百公顷，森林覆盖面积 923.77 百公顷，森林覆盖率 19.85%，林木覆盖率 25.24%。全市现有国家森林公园 2 个，省级以上自然保护区 2 个。2014 年获得“国家森林城市”称号，是江苏省林业重点市。

镇江市交通发达，物流频繁，所辖句容市是全国闻名的林木种苗之县。随着林木产业的快速发展和园林绿化的需求，外来引进植物种类增多，给林业病虫害的发生和危害提供了有利条件，从而给森林生态健康带来了隐患。为了保护森林资源和维护生态安全，深入践行“绿水青山就是金山银山”的理念，近年来，镇江市林业部门积极开展全市林业有害生物普查和补充调查，查清了镇江市林业有害生物种类、分布、寄主、危害等基本情况，为有针对性地科学开展防控和治理提供了依据。

本书汇集了镇江市主要林业病虫害282种，其中害虫217种，病害65种。对主要病虫害的寄主、分类地位、形态特征、危害特点进行了描述，并配有相应的彩色照片。本书还介绍了镇江市重要病虫害的防治措施。希望本书能够成为从事林木病虫害防控工作的林业、园林工作者的参考书和工具书，亦可成为广大昆虫爱好者的科普读物。

在编写本书过程中得到许多同行的大力支持和指导，在此深表谢忱。由于编者水平有限，不足之处在所难免，敬请读者批评指正。

编者

2020年5月

目 录

Contents

镇江市林业虫害

1 鞘翅目

1.1 瓢虫科 6

1.1.1 菱斑食植瓢虫 6

1.1.2 茄二十八星瓢虫 6

1.2 象甲科 7

1.2.1 大灰象 7

1.2.2 淡灰瘤象 8

1.2.3 沟眶象 8

1.2.4 广西灰象 9

1.2.5 柑橘灰象 9

1.2.6 栎实象 10

1.2.7 栗实象 11

1.2.8 毛束象 11

1.2.9 长足竹大象 12

1.3 芫菁科 12

1.3.1 红头芫菁 12

1.4 叶甲科 13

1.4.1 二纹柱萤叶甲 13

1.4.2 核桃扁叶甲 14

1.4.3 黑足黑守瓜 15

1.4.4 黄足黄守瓜 15
1.4.5 柳蓝叶甲 16
1.4.6 女贞瓢跳甲 17
1.4.7 十星瓢萤叶甲 18
1.4.8 榆黄毛萤叶甲 18
1.4.9 榆紫叶甲 19
1.5 肖叶甲科 19
1.5.1 黑额光叶甲 19
1.5.2 蓝扁角叶甲 20
1.5.3 绿缘扁角叶甲 20
1.5.4 葡萄十星叶甲 21
1.6 天牛科 22
1.6.1 暗翅筒天牛 22
1.6.2 光肩星天牛 23
1.6.3 黄星桑天牛 23
1.6.4 楝星天牛 24
1.6.5 桑天牛 24
1.6.6 松墨天牛 25
1.6.7 桃红颈天牛 25
1.6.8 星天牛 26
1.6.9 眼斑齿胫天牛 27
1.6.10 密点白条天牛 27
1.6.11 云斑白条天牛 28
1.6.12 竹绿虎天牛 29
1.6.13 苎麻天牛 29
1.7 锹甲科 30
1.7.1 扁锯颚锹甲 30
1.7.2 中华大扁锹 31
1.8 叩甲科 31
1.8.1 沟金针虫 31

1.9 丽金龟科 32
1.9.1 黄褐丽金龟 32
1.9.2 铜绿异丽金龟 32
1.10 花金龟科 33
1.10.1 白星花金龟 33
1.10.2 凸星花金龟 34
1.10.3 黄粉鹿花金龟 34
1.10.4 双斑小花金龟 35
1.11 鳃金龟科 35
1.11.1 暗黑鳃金龟 35
1.11.2 黑绒鳃金龟 36
1.11.3 小黄鳃金龟 37
1.11.4 棕色鳃金龟 37
1.12 犀金龟科 38
1.12.1 双叉犀金龟 38
1.12.2 中华晓扁犀金龟 39
1.13 负泥虫科 39
1.13.1 紫茎甲 39

2 半翅目

2.1 扁蚜科 41
2.1.1 杭州新胸蚜 41
2.2 蚜科 42
2.2.1 棉蚜 42
2.3 蚧科 43
2.3.1 红蜡蚧 43
2.3.2 日本龟蜡蚧 44
2.4 珠蚧科 45
2.4.1 草履蚧 45

2.5　盾蚧科　46
2.5.1　黑褐圆盾蚧　46
2.6　木虱科　47
2.6.1　樟个木虱　47
2.7　蜡科　47
2.7.1　茶翅蝽　47
2.7.2　大皱蝽　48
2.7.3　二星蝽　49
2.7.4　麻皮蝽　50
2.7.5　珀蝽　50
2.7.6　小皱蝽　51
2.7.7　竹卵圆蝽　52
2.8　龟蝽科　53
2.8.1　筛豆龟蝽　53
2.9　红蝽科　54
2.9.1　小斑红蝽　54
2.10　同蝽科　54
2.10.1　伊锥同蝽　54
2.11　网蝽科　55
2.11.1　梨冠网蝽　55
2.11.2　悬铃木方翅网蝽　55
2.11.3　樟脊冠网蝽　56
2.12　缘蝽科　57
2.12.1　暗黑缘蝽　57
2.12.2　稻棘缘蝽　58
2.12.3　点蜂缘蝽　58
2.12.4　黄伊缘蝽　59
2.12.5　宽棘缘蝽　59
2.12.6　瘤缘蝽　60
2.12.7　瓦同缘蝽　60

2.12.8 纹须同缘蝽 61
2.13 长蝽科 62
2.13.1 斑脊长蝽 62
2.13.2 红脊长蝽 62
2.13.3 小长蝽 63
2.14 角蝉科 64
2.14.1 白胸三刺角蝉 64
2.14.2 黑圆角蝉 64
2.15 叶蝉科 65
2.15.1 大青叶蝉 65
2.15.2 小绿叶蝉 66
2.15.3 一点木叶蝉 67
2.16 蛾蜡蝉科 67
2.16.1 碧蛾蜡蝉 67
2.16.2 褐缘蛾蜡蝉 68
2.17 蜡蝉科 68
2.17.1 斑衣蜡蝉 68
2.18 广翅蜡蝉科 69
2.18.1 八点广翅蜡蝉 69
2.18.2 柿广翅蜡蝉 70
2.18.3 透明疏广翅蜡蝉 71
2.19 蝉科 72
2.19.1 黑蚱蝉 72
2.19.2 蟪蛄 72
2.19.3 蒙古寒蝉 73
2.19.4 竹蝉 74

3 鳞翅目

3.1 眼蝶科 75

3.1.1 稻眼蝶 75

3.1.2 蒙链荫眼蝶 76

3.1.3 拟稻眉眼蝶 76

3.2 蛱蝶科 77

3.2.1 茶褐樟蛱蝶 77

3.2.2 大红蛱蝶 77

3.2.3 二尾蛱蝶 78

3.2.4 斐豹蛱蝶 78

3.2.5 黑脉蛱蝶 79

3.2.6 黄钩蛱蝶 80

3.2.7 琉璃蛱蝶 80

3.2.8 柳紫闪蛱蝶 80

3.2.9 猫蛱蝶 81

3.3 粉蝶科 81

3.3.1 暗脉菜粉蝶 81

3.3.2 斑缘豆粉蝶 82

3.3.3 宽边黄粉蝶 82

3.4 凤蝶科 83

3.4.1 碧凤蝶 83

3.4.2 长尾麝凤蝶 84

3.4.3 柑橘凤蝶 84

3.4.4 金凤蝶 85

3.4.5 蓝凤蝶 85

3.4.6 麝凤蝶 86

3.4.7 丝带凤蝶 86

3.4.8 碎斑青凤蝶 87

3.4.9 玉带凤蝶 87

3.4.10 樟青凤蝶 88
3.5 弄蝶科 89
3.5.1 白弄蝶 89
3.5.2 玉带弄蝶 90
3.6 喙蝶科 90
3.6.1 朴喙蝶 90
3.7 灰蝶科 91
3.7.1 琉璃灰蝶 91
3.7.2 酢浆灰蝶 91
3.8 珍蝶科 92
3.8.1 苎麻珍蝶 92
3.9 钩蛾科 92
3.9.1 洋麻圆钩蛾 92
3.10 燕蛾科 93
3.10.1 斜线燕蛾 93
3.11 刺蛾科 93
3.11.1 白眉刺蛾 93
3.11.2 扁刺蛾 94
3.11.3 褐边绿刺蛾 95
3.11.4 黄刺蛾 96
3.11.5 迹斑绿刺蛾 97
3.11.6 丽绿刺蛾 98
3.11.7 桑褐刺蛾 98
3.12 尺蛾科 99
3.12.1 茶尺蠖 99
3.12.2 丝绵木金星尺蛾 100
3.12.3 大造桥虫 100
3.12.4 国槐尺蛾 101
3.12.5 黑条眼尺蛾 102
3.12.6 拟柿星尺蛾 102

3.12.7 桑尺蠖 103
3.12.8 桑褶翅尺蛾 103
3.12.9 柿星尺蛾 104
3.12.10 油桐尺蛾 104
3.12.11 樟三角尺蛾 105
3.12.12 樟翠尺蛾 106
3.13 舟蛾科 106
3.13.1 栎掌舟蛾 106
3.13.2 仁扇舟蛾 107
3.13.3 锈玫舟蛾 108
3.13.4 杨二尾舟蛾 109
3.13.5 杨扇舟蛾 109
3.13.6 杨小舟蛾 110
3.13.7 榆掌舟蛾 111
3.14 夜蛾科 112
3.14.1 斜纹夜蛾 112
3.14.2 梨剑纹夜蛾 113
3.14.3 犁纹黄夜蛾 114
3.14.4 旋目夜蛾 114
3.14.5 超桥夜蛾 115
3.14.6 枯叶夜蛾 115
3.14.7 鸱裳夜蛾 116
3.14.8 魔目夜蛾 117
3.14.9 臭椿皮蛾 117
3.14.10 苎麻夜蛾 118
3.15 木蠹蛾科 119
3.15.1 芳香木蠹蛾东方亚种 119
3.16 天蛾科 120
3.16.1 榆绿天蛾 120
3.16.2 雀纹天蛾 120

3.16.3 咖啡透翅天蛾 121
3.16.4 红天蛾 122
3.16.5 白薯天蛾 122
3.16.6 葡萄天蛾 123
3.16.7 构月天蛾 124
3.17 苔蛾科 124
3.17.1 血红雪苔蛾 124
3.17.2 优美苔蛾 125
3.18 螟蛾科 125
3.18.1 黄翅缀叶野螟 125
3.18.2 黄杨绢野螟 126
3.18.3 桃蛀螟 127
3.18.4 樟巢螟 127
3.18.5 竹织叶野螟 128
3.19 灯蛾科 129
3.19.1 八点灰灯蛾 129
3.19.2 大丽灯蛾 129
3.19.3 红缘灯蛾 130
3.19.4 强污灯蛾 131
3.19.5 星白雪灯蛾 131
3.20 大蚕蛾科 132
3.20.1 樗蚕 132
3.20.2 绿尾大蚕蛾 133
3.20.3 长尾大蚕蛾 134
3.21 蓑蛾科 134
3.21.1 白囊袋蛾 134
3.21.2 茶蓑蛾 135
3.21.3 大袋蛾 135
3.22 斑蛾科 136
3.22.1 重阳木锦斑蛾 136

3.22.2 大叶黄杨斑蛾 137
3.23 箩纹蛾科 138
3.23.1 紫光箩纹蛾 138
3.24 鹿蛾科 139
3.24.1 广鹿蛾 139
3.24.2 蕾鹿蛾 139
3.25 凤蛾科 140
3.25.1 榆凤蛾 140
3.26 毒蛾科 141
3.26.1 茶黄毒蛾 141
3.26.2 盗毒蛾 141
3.26.3 线茸毒蛾 142
3.26.4 杨毒蛾 143

4 膜翅目

4.1 三节叶蜂科 144
4.1.1 蔷薇三节叶蜂 144
4.1.2 榆三节叶蜂 145
4.2 叶蜂科 145
4.2.1 红黄半皮丝叶蜂 145
4.2.2 樟叶蜂 146

5 等翅目

5.1 白蚁科 147
5.1.1 黑翅土白蚁 147

6 直翅目

6.1 螽斯科 149

6.1.1 日本纺织娘 149
6.1.2 日本条螽 150
6.2 蝼蛄科 150
6.2.1 东方蝼蛄 150
6.3 蝗科 151
6.3.1 棉蝗 151
6.4 网翅蝗科 152
6.4.1 黄脊竹蝗 152
6.4.2 青脊竹蝗 152
6.5 锥头蝗科 153
6.5.1 短额负蝗 153

镇江市林业病害

7 针叶树病害

7.1 松材线虫病 156
7.2 杉木赤枯病 157
7.3 杉木炭疽病 157
7.4 杉木细菌性叶斑病 158
7.5 水杉赤枯病 158

8 常绿阔叶乔灌木病害

8.1 茶花炭疽病 160
8.2 大叶黄杨叶斑病 160
8.3 杜鹃白粉病 161
8.4 构骨冬青煤污病 161

8.5　桂花褐斑病　162
8.6　桂花煤污病　162
8.7　桂花炭疽病　163
8.8　桂花叶枯病　164
8.9　夹竹桃叶斑病　164
8.10　女贞褐斑病　165
8.11　女贞煤污病　165
8.12　女贞叶斑病　166
8.13　枇杷叶斑病　166
8.14　洒金桃叶珊瑚焦枯病　167
8.15　十大功劳白粉病　167
8.16　石楠煤污病　168
8.17　石楠炭疽病　168
8.18　石楠叶斑病　169
8.19　香樟炭疽病　169
8.20　香樟叶斑病　170
8.21　杨梅褐斑病　171
8.22　油茶煤污病　171
8.23　油茶炭疽病　172
8.24　竹丛枝病　173
8.25　竹煤污病　174
8.26　竹叶枯病　174
8.27　竹叶锈病　175

9 落叶阔叶乔灌木病害

9.1　白檀煤污病　176
9.2　杨叶锈病　176
9.3　板栗炭疽病　177
9.4　乌桕叶斑病　178

9.5 枫香角斑病 178
9.6 枫香漆斑病 179
9.7 构树褐斑病 179
9.8 国槐丛枝病 179
9.9 国槐煤污病 180
9.10 海棠褐斑病 181
9.11 海棠锈病 181
9.12 合欢枯萎病 182
9.13 合欢锈病 183
9.14 鸡爪槭煤污病 183
9.15 鸡爪槭叶枯病 184
9.16 桔缩叶病 185
9.17 榉树煤污病 185
3.18 木芙蓉叶斑病 186
9.19 朴树煤污病 186
9.20 朴树叶斑病 187
9.21 三角枫黑痣病 187
9.22 桑叶尖枯病 188
9.23 桑赤锈病 189
9.24 桃树流胶病 189
9.25 银杏叶斑病 190
9.26 樱花褐斑穿孔病 190
9.27 榆树煤污病 191
9.28 元宝枫叶斑病 191
9.29 紫荆角斑病 192
9.30 紫薇白粉病 192
9.31 紫薇叶斑病 193
9.32 紫玉兰叶斑病 193
9.33 柳叶斑病 194

镇江市主要林业病虫害的防治技术

10 地下害虫及其防治

10.1 蛴螬类 198
10.2 蝼蛄类 200
10.3 金针虫类 201

11 枝梢害虫及其防治

11.1 蚧类 203
11.2 蚜虫类 205
11.3 木虱、蝉、蜡类 206

12 食叶害虫

12.1 叶甲类 207
12.2 叶蜂类 208
12.3 食叶蛾类 208

13 蛀干害虫及其防治

13.1 天牛类 210
13.2 吉丁甲类 211
13.3 象甲类 212
13.4 蛀干蛾类 213

14 重要病害防治技术

14.1 松材线虫病 215
14.2 煤污病类 216

参考文献 217

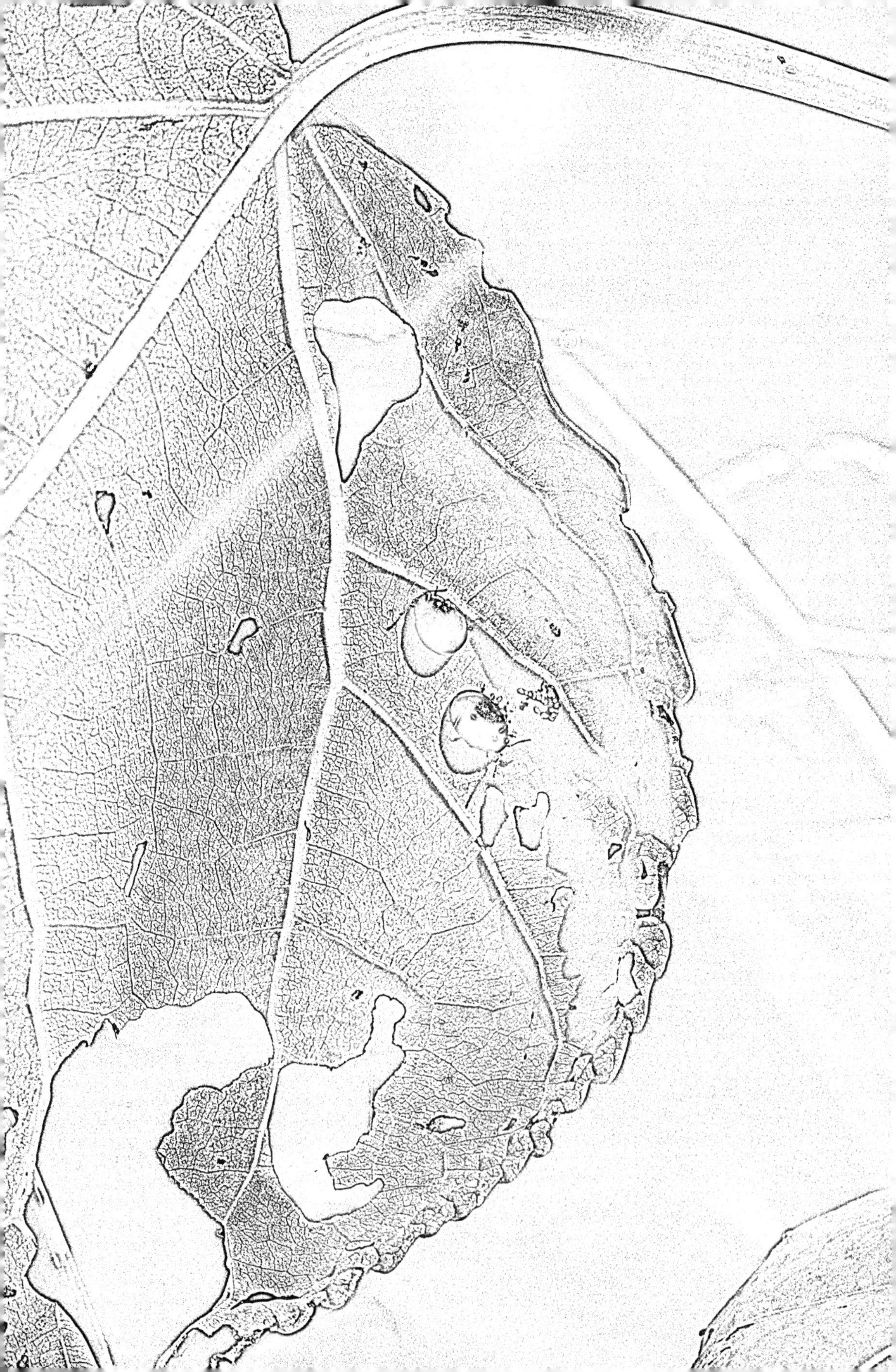

镇江市林业虫害

1 鞘翅目 *Coleoptera*

1.1 瓢虫科 *Coccinellidae*

1.1.1 菱斑食植瓢虫 *Epilachna insignis*

寄主：葫芦科植物等。

鉴别特征：

成虫：体长 9.5 ~ 11mm，宽 8 ~ 9.5mm。体型较大，每鞘翅具 7 个黑斑。体近于心形，背面明显拱起。

菱斑食植瓢虫（成虫）

危害特点：成虫和幼虫群居或散居于叶背取食叶肉，残留的上表皮呈网状，严重时全叶被食尽。

1.1.2 茄二十八星瓢虫 *Henosepilachna vigintioctopunctata*

寄主：桉、竹、柑橘、茄科植物等。

鉴别特征：

成虫：体长约 6mm。半球形，黄褐色，体密被黄色细毛，无光泽。前胸背板上具 6 个黑斑，中间的 2 个常连成 1 个横斑；每鞘翅具 14 个黑斑，其中第 2 列的 4 个黑斑呈 1 条直线。

茄二十八星瓢虫（成虫）

幼虫：体长约7mm，纺锤形，灰白色。体各节具白色枝刺，刺基具黑褐色环纹。

危害特点：成虫和幼虫取食叶肉，残留上表皮呈网状，严重时全叶被食尽；此外可取食瓜果表面，受害部位变硬，带有苦味，影响寄主产量和质量。

1.2 象甲科 *Curculionidae*

1.2.1 大灰象 *Sympiezomias velatus*

寄主：杨、柳、榆、槐、泡桐、核桃、桑、板栗、苹果、梨等。

鉴别特征：

成虫：体长约10mm，黑色，密被灰白色鳞毛。前胸背板中央黑褐色，两侧及鞘翅上有褐色斑纹。头部较宽，复眼黑色，卵圆形。头管粗而宽，表面具3条纵沟，中央1沟黑色，先端呈三角形凹入。鞘翅卵圆形，末端尖锐，基部急剧形成边缘，鞘翅上各具1条近环形的褐色斑纹和10条刻点列，后翅退化。腿节膨大，前胫节内缘具1列齿状突起。

大灰象（成虫）

幼虫：初孵幼虫体长约 1.5mm，老熟幼虫体长约 14mm，乳白色。头部米黄色。上颚褐色，先端具 2 齿，后方具 1 个钝齿，内唇前缘具 4 对齿状突起，中央具 3 对齿状小突起，后方的 2 个褐色纹均呈三角形，下颚须和下唇须均 2 节，第 9 腹节末端稍扁。

危害特点：成虫取食植物嫩尖和叶片，轻者把叶片食成缺刻或孔洞，重者造成缺苗断垄。幼虫先将叶片卷合并在其中取食，为害一段时间后再入土取食根部。

1.2.2 淡灰瘤象 *Dermatoxenus caesicollis*

寄主：榆树、构树等。

鉴别特征：

成虫：体长约 14mm，卵形，黑色，密被淡灰色鳞片，散布倒状鳞片状毛；鞘翅基部略宽于前胸基部，向后逐渐放宽，翅坡最宽，翅坡以后突然缩窄，基部中间黑，和前胸基部的黑斑连成 1 个三角形黑斑。

淡灰瘤象（成虫）

危害特点：成虫出现于夏季，生活在低海拔山区，夜晚趋光。

1.2.3 沟眶象 *Eucryptorrhynchus chinensis*

寄主：臭椿、千头椿等。

鉴别特征：

成虫：体长 13.5 ~ 18mm，胸部背面、前翅基部及端部 1/3 处密被白色鳞片，并杂生红黄色鳞片，前翅基部外侧特别向外突出，中部花纹似龟纹，鞘翅上刻点粗。

幼虫：体长约 30mm，乳白色，圆形。

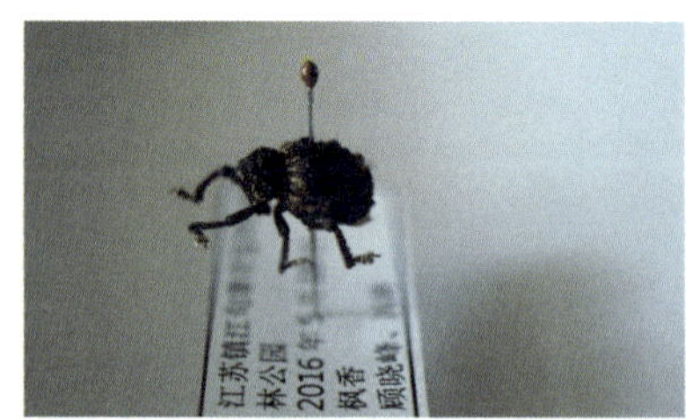

沟眶象（成虫）

危害特点：幼虫蛀食树韧皮部和木质部，严重时造成树势衰弱甚至死亡。被害树干或枝上出现灰白色的流胶和虫粪、木屑。

1.2.4 广西灰象 *Sympiezomias guangxiensis*

寄主：柑橘类、桃、李、杏、无花果等。

鉴别特征：

成虫：体长 7 ~ 10mm，淡灰黑色，体背面被白色或淡灰黑色鳞片。前胸背板顶区散布小而扁的颗粒，鞘翅中带明显。前胸、鞘翅两侧及腹部具铜绿色光泽。前足胫节具 1 排齿，中、后足的齿不发达。雄性小，腹端部无沟纹。雌虫个体大，腹端基部两侧各具 6 条沟纹。

广西灰象（成虫）

幼虫：老熟幼虫长约 9mm，头部黄褐色，体淡黄色。

危害特点：成虫为害寄主植物的嫩叶，孵化后的幼虫爬行至叶片边缘后掉入附近的土壤，钻入土层后取食植物的须根，严重影响植物的生长发育。

1.2.5 柑橘灰象 *Sympiezomias citri*

寄主：柑橘类植物、桃、李、杏、无花果等。

鉴别特征：

成虫：体长约 10mm，体黑色，密被灰白色鳞毛，前胸背板中央黑褐色，两侧及鞘翅上的斑纹呈褐色。头部粗而宽，表面具3条纵沟，中央1沟黑色，头部先端呈三角形凹入，边缘生长刚毛。前胸背板卵形，后缘较前缘宽，整个胸部布粗糙而凸出的圆点。小盾片半圆形，中央具1条纵沟，鞘翅卵圆形，末端尖锐，每鞘翅各具1个近环状的褐色斑纹和10条刻点列，后翅退化。雄虫腹部窄长，鞘翅末端不缢缩，钝圆锥形；雌虫腹部膨大，胸部宽短，鞘翅末端缢缩较尖锐。

柑橘灰象（成虫）

幼虫：初孵幼虫体长1～2mm，乳白色；老熟幼虫体长13～14mm，浅黄色，头黄褐色。

危害特点：幼虫孵化后入土生活，取食植物地下部分，造成树根系受害严重。成虫常聚集为害春梢新叶或幼果，造成新叶或幼果严重缺刻。

1.2.6 栎实象 *Curculio dentipes*

寄主：麻栎、槲栎、栓皮栎等。

鉴别特征：

成虫：体长7～9mm，赤褐色，密被灰黄鳞毛，头管细长而前端细长且向下弯曲，复眼黑色，触角从头管中部伸出，柄节特长。前胸背板两侧圆，前缘狭，上具较长鳞毛。鞘翅外缘圆，各具9条纵沟，密布灰黄鳞毛，并具很多不规则的波状黑纹。各足腿节末端膨大，下方具1齿。

栎实象（成虫）

幼虫：老熟幼虫体长约9.9mm，呈镰刀形弯曲。乳白色至淡黄色。头部黄褐色，有光泽，口器黑褐色，后头缝在额上分为2叉。体多横皱，疏生刚毛。

危害特点：幼虫危害寄主植物的种子、果实，将种子、果实吃成空洞。成虫白天活动，取食嫩枝、幼果。

1.2.7 栗实象 *Curculio davidi*

寄主：板栗等。

鉴别特征：

成虫：体长 5 ~ 9mm，菱形，深黑色，被黑褐色或灰色鳞片，雌虫喙略长于体长，端部 1/3 向下弯曲。触角着生于喙基部 1/3 处，柄节等于第 1—5 索节之和，第 1、2 索节等长。前胸背板宽略大于长，密布刻点，两侧具白斑。鞘翅上具 10 条刻点，鞘翅肩部较圆，向后缩窄，端部圆。足细长，腿节具 1 齿。雄虫的喙短于体长，触角着生于喙中部之前，柄节长等于索节之和。

栗实象（成虫）

幼虫：老熟幼虫体长 8.5 ~ 12mm，呈镰刀形弯曲。乳白色至淡黄色。头部黄褐色，口器黑褐色，体多横皱，疏生短毛。

危害特点：成虫咬食嫩叶、嫩枝皮、新芽和幼果；幼虫蛀食果实内子叶，蛀道内充满虫粪。

1.2.8 毛束象 *Desmidophorus hebes*

寄主：山茶科植物等。

鉴别特征：

成虫：体长约 11mm。体壁黑色，被覆黑毛，具黑色毛束，鞘翅基部两侧短带和端部鳞片淡黄色。喙粗而短，刻点粗大，排列成不规则的行，基部和头部刻点具细长倒伏黄色鳞片。前胸背板前端特别紧缩，略呈钟形，密布大刻点，两侧和腹面密被黄色鳞片，背面零散被覆相似的毛，还密被向前倒伏的黑毛。小盾片略呈心形，被褐色鳞片。鞘翅宽约大于前胸背板 1/3，具钝的肩胝，向后略紧缩，前端细，两侧具短带，一般达到行间 6，端部被覆或宽或窄的淡黄鳞片带；刻点大，方形，行间细，具短小黑色毛束，其

毛束象（成虫）

间散布大毛束，行间 3、4 有 3 束，行间 7 有 2 束，行间 5 的第 1、第 3 毛束比行间 3 的毛束靠后，行间 1 在中间以前具黑色毛束 1 个。雌虫末节腹板中间隆起，两侧隆低，后缘中间具小而深的凹缘；雄虫末节腹板中间凹，两侧隆，两侧密被直立的毛。

危害特点：以幼虫蛀食寄主嫩茎为主。

1.2.9 长足竹大象 *Cyrtotrachelus buqueti*

寄主：竹、水竹、绿竹、崖州竹、山竹、磁竹、青皮竹等。

鉴别特征：

成虫：雌虫体长 25 ~ 36mm，雄虫体长 26 ~ 41mm。体橙黄色，前胸背板后缘中央具 1 个不规则圆形黑斑，顶端呈箭头状。鞘翅臀角处具 1 个 45° 的突出齿。雄虫前足的腿节、胫节明显长于中、后足的腿节、胫节。前足胫节内侧毛密而长，雌虫前足与中后足等长，胫节毛疏而短。

长足竹大象（成虫）

幼虫：初孵幼虫体长约 5mm，全体乳白色，以后头壳渐变为黄褐色，体节不明显。老熟幼虫体长 46 ~ 55mm，前胸背板有黄色大斑，斑上具 1 个“八”字形褐斑。

危害特点：成虫、幼虫均取食竹笋，造成大量退笋、断头竹和畸形竹。

1.3 芫菁科 *Meloidae*

1.3.1 红头芫菁 *Epicauta ruficeps*

寄主：白花泡桐、枳椇、合欢等。

鉴别特征：

成虫：体长 13 ~ 21mm，头部红色，体黑色。雄虫触角细长，达鞘翅一半，端部两节灰褐色，无长毛，端部第 3、4 节仅在触角下方具细毛，其他各节两侧及下方都具较多长毛。鞘翅及体腹面毛黑色。前足腿节基部内侧及下方生黑色长毛，胫节外侧黑毛自基部向端部逐渐加长；胫节端部具 1 根尖内端刺。腹末节腹板后缘中央前凹，呈圆弧形。雌虫触角及足无毛，前足胫节具2根等长端刺，腹末节腹板后缘平直。

红头芫菁（成虫）

危害特点：以成虫取食寄主植物叶片为主。

1.4 叶甲科 *Chrysomelidae*

1.4.1 二纹柱萤叶甲 *Gallerucida bifasciata*

寄主：荞麦、蒿属植物等。

鉴别特征：

成虫：雄虫体长6 ~ 7mm，宽4 ~ 5mm，触角棒状；雌虫体长7 ~ 8mm、宽4 ~ 5.5mm，触角丝状。体近椭圆形，体背凸起，鞘翅及前胸背板具光泽。头部复眼、上颚触角、前胸背板均为黑色。背板与两鞘翅之间具椭圆形盾片，前胸背板布大小不一的刻点，排列不规则。鞘翅上的大刻点成竖条纹排列，条纹之间还具数个不规则排列的小刻点。腹部腹面黑色，鞘翅下面黄色，足胫节及跗节上被黄棕色绒毛。

二纹柱萤叶甲（成虫）

幼虫：体圆，初孵幼虫为乳白色带黑斑和淡黄色带黑点两种类型。一般头及前胸背板黑色，胴部 12 节。前胸背板具 1 条淡黄色中线，中线两侧各具 4 个对称排列的三角形黑斑。

危害特点：成虫取食寄主植物叶片，形成孔洞。初孵幼虫多集中在植株下部叶片背面，取食叶肉。二龄幼虫开始分散活动，将叶片咬成小孔洞。三龄幼虫食量大增，被害叶片呈现不同程度的缺刻或网状。

1.4.2 核桃扁叶甲 *Gastrolina depressa*

寄主：核桃、胡桃等。

鉴别特征：

成虫：体长 5 ~ 7mm，长方型，背面扁平。前胸背板淡棕黄，头、鞘翅蓝黑，触角、足黑色。腹部暗棕色，外侧缘和端缘棕黄色，头小，中央凹陷，刻点粗密。触角短，端部粗。前胸背板宽约为中长的 2.5 倍，基部较鞘翅狭，侧缘基部直，中部之前略弧弯，盘区两侧高峰点粗密，中部明显细弱。鞘翅每侧具 3 条纵肋，各足跗节于爪节基部腹面呈齿状突出。

核桃扁叶甲（成虫）

幼虫：老熟幼虫体长 8 ~ 10mm。乳白色，头和足黑色。虫体具暗斑和瘤起。

危害特点：初孵幼虫有群集性，食量较小，仅食叶肉。三龄幼虫食量大增并开始分散危害，此时不仅取食叶肉，当食料缺乏时也取食叶脉，甚至叶柄。残存的叶脉、叶柄呈黑色进而枯死。连年危害时，造成寄主植物部分枝条或幼树死亡。

1.4.3 黑足黑守瓜 *Aulacophora nigripennis*

寄主：苦瓜、丝瓜、黄瓜、南瓜、冬瓜、罗汉果等。

鉴别特征：

成虫：体长 5.5 ~ 7mm，宽 3.2 ~ 4mm。全身极光亮；头部、前胸节和腹部橙黄至橙红色，上唇、鞘翅、中胸和后胸腹板、侧板及各足均为黑色；触角棕褐色，基部两节或末端数节有时色泽较淡。小盾片粟色或粟黑色，狭三角形。鞘翅具较强光泽。鞘翅两侧在基部后明显变宽，基部略隆，翅面上具密细刻点。雌成虫末节腹板端部波状凹缘，雄成虫末节腹板中央纵长方形。

黑足黑守瓜（成虫）

危害特点：成虫取食瓜叶、茎、花及瓜条，幼虫食害瓜苗根部，严重时造成全株死亡。

1.4.4 黄足黄守瓜 *Aulcophora femoralis chinensis*

寄主：几乎各种瓜类及枣、榆树等。

鉴别特征：

成虫：体长 7 ~ 9mm，宽 3.5 ~ 4.2mm，长椭圆形，橙色，胸和腹节腹面黑色。

腹末节大部分橙黄色。头部光滑几无刻点，额宽，触角间隆起似脊。触角丝状，伸达鞘翅中部，基节较粗壮，棒状，第 2 节短小，以后各节较长。前胸背板宽约为长的 2 倍，中央具 1 条较深而弯曲的横沟，其两端伸达边缘。鞘翅中部以后略膨大。

黄足黄守瓜（成虫）

幼虫：老熟幼虫体长约 12mm，头黄褐色，体黄白色，尾端臀板腹面有肉质突起。

危害特点：成虫咬食叶片成环形或半环形缺刻，咬食嫩茎造成死苗，还危害花及幼果。幼虫在土中咬食根茎，常使植株萎蔫死亡。

1.4.5 柳蓝叶甲 *Plagiodera versicolora*

寄主：柳、杨等。

鉴别特征：

成虫：体长3 ~ 5mm。体深蓝色，有金属光泽。头部横阔，触角褐色，上有细毛。前胸背板光滑，横阔，前缘呈弧形凹入。鞘翅上具成行排列的刻点。

柳蓝叶甲（成虫）

幼虫：体长约 6mm，灰褐色，具黑褐色凸起状物，胸部宽，体背每节生 4 个黑斑，两侧具乳突。

危害特点：以成虫和幼虫取食柳、杨的叶片为主。成虫取食叶片成缺刻或孔洞，严重时将叶片全部吃光。幼虫啃食叶表后，留下一层较透明的叶组织，有时也会造成缺刻或孔洞。

1.4.6 女贞瓢跳甲 *Argopistes tsekooni*

寄主：女贞、金叶女贞、小叶女贞、日本女贞。

鉴别特征：

成虫：体长 2 ~ 3mm，圆形或椭圆形。初为黄褐色，后变黑色，背面有光泽。每鞘翅中央具 1 个长椭圆形红斑。

女贞瓢跳甲（成虫）

幼虫：橘黄色，老熟幼虫体黄白色。体粗短略扁，腹部第 1—8 节两侧具瘤状突起。

危害特点：以幼虫食叶为主。初孵幼虫自叶背面潜入叶内，在上下表皮之间剥食叶肉，虫道褐色丝状弯曲，2至3龄幼虫虫道明显加宽，取食量明显增加，使叶片上密布弯曲的蛇形虫道，黑褐色虫粪排在虫道内，虫道变为褐色，后期干枯，小叶植物常造成落叶。成虫在叶背啃食叶肉，叶片上形成许多不规则圆形或长条状透明斑或孔洞，有时还引起叶斑病。

1.4.7 十星瓢萤叶甲 *Oides decempunctata*

寄主：葡萄、野葡萄。

鉴别特征：

成虫：体长 12 ~ 13mm，椭圆形，黄褐色，体型似瓢虫。每鞘翅上具 5 个黑圆斑，呈 2–2–1 排列。

幼虫：体长12 ~ 15mm，长椭圆形略扁，土黄色。头小，胸足3对较小，除前胸及末节外，各节背面均具2个横列黑斑，中、后胸每列各4个，腹部前列4个，后列6个。除末节外，各节两侧具3个肉质突起，顶端黑褐色。

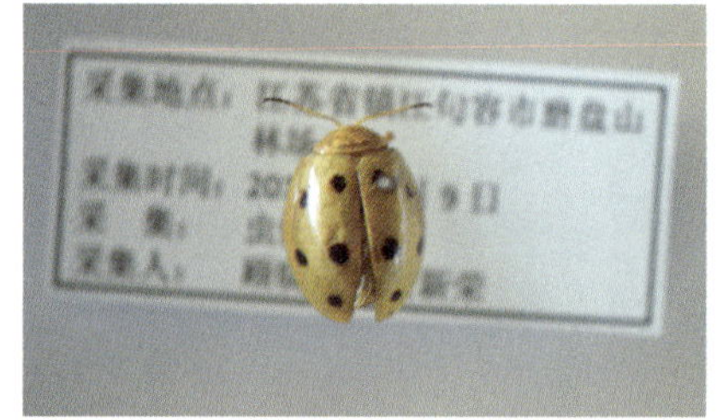

十星瓢萤叶甲（成虫）

危害特点：成虫和幼虫取食叶片，使叶片呈孔洞或缺刻状，或将叶片吃光只留叶脉。

1.4.8 榆黄毛萤叶甲 *Pyrrhalta maculicollis*

寄主：榆树、榉树等。

鉴别特征：

成虫：体长约 8mm，长椭圆形，棕黄色。头顶具三角形黑斑 1 个。前胸背板上方和两侧具 3 个黑斑。鞘翅灰黄色，无光泽。

幼虫：体长约 10mm，黄褐色，前胸背板具 2 个黑斑，中、后胸各具 8 个黑斑。

榆黄毛萤叶甲（成虫）

危害特点：初孵幼虫啃食叶肉，使叶片呈箩网状，高龄幼虫食叶片呈穿孔状。

1.4.9 榆紫叶甲 *Ambrostoma quadriimpressum*

寄主：榆树等。

鉴别特征：

榆紫叶甲（成虫）

成虫：体长 10 ~ 11mm。近椭圆形，背面隆起，体紫红色间金绿色，有光泽，尤以鞘翅最为明显。腹面紫色有金绿光泽，背板和鞘翅上密被刻点。

幼虫：老熟幼虫体长约 10.7mm。体微弯，全体近乳黄色。头呈淡茶褐色，单眼黑色，头顶具 4 个黑斑，前胸背板具 2 个黑斑，背中线灰色，下方具 1 条淡金黄色纵带，腿节外侧基部及胫节外侧末端黑色。

危害特点：以幼虫、成虫大量取食寄主植物的嫩芽和幼叶为主。

1.5 肖叶甲科 *Eumolpidae*

1.5.1 黑额光叶甲 *Smaragdina nigrifrons*

寄主：栗、猕猴桃、白茅属植物、蒿属植物等。

鉴别特征：

黑额光叶甲（成虫）

成虫：体长 6.5 ~ 7mm，宽约 3mm，长方形至长卵形。头漆黑，前胸红褐色或黄褐色，有光泽，有的生黑斑。小盾片、鞘翅黄褐色至红褐色，鞘翅上具黑色宽横带 2 条。雌雄腹面颜色差异较大，雄虫多为红褐色，雌虫除前胸腹板、中足基节间黄褐色外，大部分黑色至暗褐色。足基节、转节黄褐色，其余为黑色。前胸背板隆凸。小盾片三角形。鞘翅刻点稀疏，呈不规则排列。

危害特点：成虫取食叶片，将叶咬成一个个的孔洞或缺刻。一般是停留在叶正面取食，先啃去部分叶肉，然后再将余部吃去，很少将叶全食光。虫口多时，无论嫩叶或成熟叶片，大都留下数个或十数个孔洞。

1.5.2 蓝扁角叶甲 *Platycorynus peregrinus*

寄主：樱花等。

鉴别特征：

成虫：体长9 ~ 12mm，宽5 ~ 6mm。体形粗壮，金属蓝色。头部刻点大而深密，头顶与额隆起，中央具1条不明显细沟纹。前胸背板宽大于长，侧边明显。

蓝扁角叶甲（成虫）

危害特点：成虫取食叶片，将叶咬成一个个的孔洞或缺刻。虫口多时，无论嫩叶或成熟叶片，大都留下数个或十数个孔洞。

1.5.3 绿缘扁角叶甲 *Platycorynus parryi*

寄主：络石、玉兰、茶树、朴树、桑树等。

鉴别特征：

成虫：体长 7 ~ 10mm，宽 4 ~ 5.1mm，具强烈金属光泽。体背紫金色，前胸背板侧缘、鞘翅侧缘和中缝两侧绿色或蓝绿色，腹面常具金属蓝、绿、紫三色。触角基部 4 或 5 节棕黄或棕红，其中第 1 节背面常具金属色，端部 6 或 7 节黑色。头部刻点粗大，不密。前胸背板横宽，中部隆凸如球形，侧边弧形，稍敞出，前角稍突出。小盾片舌形，具细小刻点。鞘翅基部宽于前胸，肩胛和基部均明显圆隆，刻点细小，排列成不规则纵行。前胸前侧片密布刻点和毛。前胸腹板较宽阔，长大于宽，两侧中部各具1个三角形小突起，表面密被刻点和毛。雄虫前中足跗节第1节明显较雌虫的宽阔；爪具附齿。

绿缘扁角叶甲（成虫）

危害特点：成虫取食叶片，有群集取食的现象。幼虫孵化后即入土，取食土壤中植物根系。

1.5.4 葡萄十星叶甲 *Bromius obscurus*

寄主：葡萄科植物。

鉴别特征：

成虫：体长约5mm，椭圆形。体黑色，有光泽，被黄色短毛及刻点。触角丝状，11节，被密毛，第1节近球形，第2节略粗于第3节。鞘翅棕褐色，具数排纵向排列的刻点，被深黄色毛，肩胛隆起，近边缘平展。头、胸、足均为黑色。

葡萄十星叶甲（成虫）

幼虫：体长约 7.5mm。老熟幼虫乳白色，头淡黄褐色，3 对胸足，无腹足。

危害特点：成虫昼夜取食叶片、新梢。幼虫在土里取食危害葡萄根。

1.6 天牛科 *Cerambycidae*

1.6.1 暗翅筒天牛 *Oberea fuscipennis*

寄主：桑、构树、黄桷树、无花果、野梨、苎麻等。

鉴别特征：

暗翅筒天牛（成虫）

成虫：体长 14 ~ 18mm，宽 2.7 ~ 3.5mm，近圆柱形，体被淡黄色绒毛。鞘翅淡褐色，两侧和末端黑色，第 5 腹节末端暗黑色。中后足胫节和跗节常呈褐色。触角黑色，与身体等长或稍长，第 3 节比第 4 节稍长，并显著长于柄节。复眼黑色，大而显著突出。头部和前胸刻点细密，前胸背板长大于宽，小盾片半圆形，鞘翅狭小，长于前胸背板和头部总和的 3 倍，肩部略宽于前胸，鞘翅两边平行，中部略缢缩，末端凹形，缝角略凸出，缘角凸出呈尖三角形，鞘翅刻点粗且密，排列成行，仅在末端不成行且细，腹部密布细刻点，足短，中足基节窝开放，后足腿节刚好伸到第 2 腹节边缘，后足胫节长于跗节总长度的 2/3。雌成虫体形较大，腹部末端平伸，第 5 腹节腹面中间具 1 条纵向褐色的缝。雄虫体形较小，腹部末端常向下弯曲，端缘常凹入，呈一小窝。

幼虫：体长 21 ~ 22mm，前胸宽约 3mm，身体淡黄色，圆筒形。

危害特点：成虫为补充营养食害桑叶叶脉，影响桑叶正常生长。成虫产卵时在梢端咬食产卵槽，导致新梢皮层及部分木质受到破坏，影响梢端的水分和养分的输导，导致桑梢凋萎枯死。幼虫蛀食一年生枝条，并多次蛀食刚萌发的侧枝，造成枯萎死亡。

1.6.2 光肩星天牛 *Anoplophora glabripennis*

寄主： 悬铃木、柳、槭树、樱花、海棠、泡桐、梨、五角枫、枫杨、刺槐、柑橘、苦楝等。

鉴别特征：

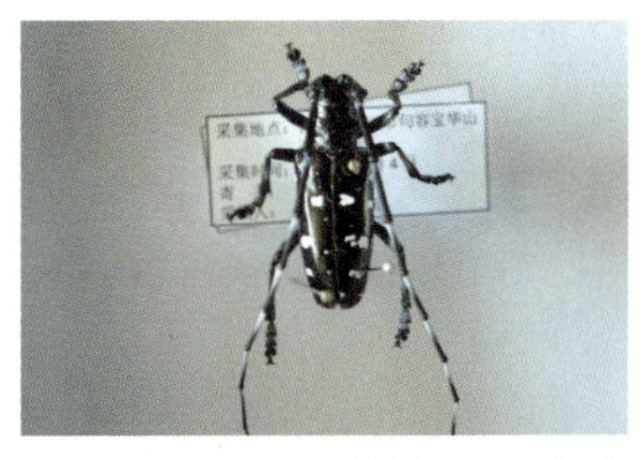
光肩星天牛（成虫）

成虫：雌虫体长 22 ~ 40mm，雄虫体长 14 ~ 29mm，亮黑色。头顶至唇基 1 条纵沟；触角 12 节，第 1 节端部膨大，第 2 节最小，第 3 节最长，余渐短小，第 3 节后各节基部灰蓝色，末节末端灰白色，雄黑色。前胸两侧各具刺状侧突 1 个，鞘翅基部光滑，每翅白或黄色绒毛斑 15 ~ 20 个。体腹面及腿、胫节中部及跗节背面的绒毛黄棕或蓝灰色。

幼虫：老熟幼虫体长 50 ~ 60mm，乳白色，无足，前胸背板具“凸”形纹。

危害特点：幼虫蛀食树干，危害轻的降低木材质量，严重的能引起树木枯梢和风折。成虫咬食树叶或小树枝皮和木质部。

1.6.3 黄星桑天牛 *Psacothea hilaris*

寄主： 桑、无花果、油桐等。

鉴别特征：

黄星桑天牛（成虫）

成虫：体长 16 ~ 30mm，宽 4.5 ~ 9.5mm。体密被灰色或灰绿色绒毛，具杏黄色绒毛斑纹。头中央具 1 条杏黄色纵斑，两触角基往后至中胸后缘具 2 条黄色纵带。鞘翅上散生杏黄色圆斑。

幼虫：老熟幼虫体长约 15mm，体长圆筒形，略扁。

危害特点：黄星桑天牛是蛀干害虫。幼虫蛀食树干，轻则降低木材质量，重则导致树木枯梢和风折。

1.6.4 楝星天牛 *Anoplophora horsfieidi*

寄主：苦楝、朴、榆等。

鉴别特征：

成虫：体长 31 ~ 40mm，宽 12 ~ 15.5mm。底色黑，光亮。体表布有大型黄色绒毛斑块，头、胸部具 2 条纵带，鞘翅上具 4 条横带。足被稀疏灰色细毛，跗节较密，呈灰白色。

楝星天牛（成虫）

危害特点：以幼虫蛀食楝树树干为主，常形成弯曲深长的蛀道，深入木质部。

1.6.5 桑天牛 *Apriona germari*

寄主：桑、榆、柑橘、海棠、苦楝、枇杷、杨、柳、刺槐、紫荆、白蜡、女贞、乌桕、梨、构树、枣等。

鉴别特征：

成虫：体长 26 ~ 51mm，宽 8 ~ 16mm。体和鞘翅黑色，被黄褐色绒毛，头顶中央具纵沟。前胸背板具横行皱纹，两侧中央各具 1 个刺突。鞘翅基部具黑色颗粒状瘤突，肩角具 1 个黑刺。

幼虫：长 45 ~ 60mm，圆筒形，乳白色。头小，隐入前胸内，上下唇淡黄色，上颚黑褐色。前胸特大，前胸背板后半部密生赤褐色颗粒状小点，向前伸展成 3 对尖叶状纹。后胸至第 7 腹节背面各具扁圆形突起，其上密生赤褐色粒点；前胸至第 7 腹节腹面，具突起，中有横沟分为 2 片。前胸和第 1—8 腹节侧方各着生 1 对椭圆形气孔。

桑天牛（成虫）

危害特点：成虫取食嫩枝皮和叶。幼虫从枝干的皮下和木质部内向下蛀食，削弱树势，重者枯死。

1.6.6 松墨天牛 *Monochamus alternatus*

松墨天牛（成虫）

寄主：黑松、马尾松、雪松、桧柏、柳、湿地松、赤松、柳杉等。

鉴别特征：

成虫：体长 15 ~ 28mm，宽 4.5 ~ 9.5mm，橙黄色至赤褐色。前胸背板有 2 条橙黄色纵纹，与 3 条黑色绒纹相间。小盾片密被橙黄色绒毛，每鞘翅具 5 条纵纹，由方形或长方形的黑色及灰白色绒毛斑点组成。腹面及足具灰白色绒毛。

幼虫：老熟幼虫体长约 43mm，乳白色，头黑褐色，前胸背板褐色，中央具波状横纹。

危害特点：成虫取食枝叶，幼虫蛀食枝干。松墨天牛是松树的重要蛀干害虫，也是松树的毁灭性病害松材线虫病传播的主要媒介昆虫。

1.6.7 桃红颈天牛 *Aromia bungii*

寄主：桃、梅、李、樱花、海棠等。

鉴别特征：

成虫：体长 28 ~ 37mm，漆黑色，有光泽，仅前胸背板红色（极少数黑色）。前胸密布横皱纹，前胸两侧各具 1 个刺突，背面具 4 个瘤突；鞘翅表面光滑，翅基部较前胸宽，后端较狭。

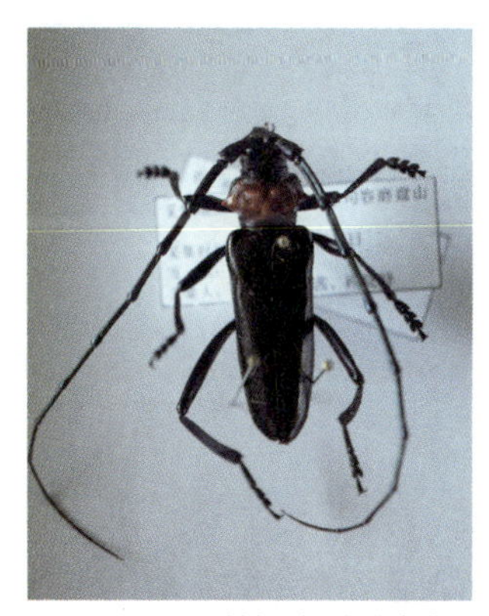
桃红颈天牛（成虫）

幼虫：老熟幼虫体长 42 ~ 52mm，乳白色，前胸较宽广。身体前半部各节略呈扁长方形，后半部稍呈圆筒形，体两侧密生黄棕色细毛。前胸背板前半部横列 4 个黄褐色斑块，背面的 2 个斑块各呈横长方形，前缘中央有凹缺，后半部背面淡色，有纵皱纹；位于两侧的黄褐色斑块略呈三角形。胸部各节的背面和腹面都稍微隆起，并有横皱纹。

危害特点：幼虫由上而下蛀食，在树干中形成弯曲无规则的孔道。受害严重的树干中空，树势衰弱，以致枯死。

1.6.8 星天牛 *Anoplophora chinensis*

寄主：悬铃木、柳、榆、柑橘、红枫、苦楝、罗汉松、樟、枇杷、乌桕、泡桐、紫薇、桑、大叶黄杨、冬青、无患子、月季、栾树等。

鉴别特征：

成虫：雌虫体长 36 ~ 41mm，雄虫体长 27 ~ 36mm，黑色有金属光泽，头和体腹面被银灰或蓝灰色细毛。触角第 1、2 节黑色，其余基部 1/3 生淡蓝色毛环。前胸背板具中瘤，侧刺突尖锐粗大；小盾片被灰或杂有蓝色毛。鞘翅基部具黑色小颗粒，每翅 5 横行白斑排成 4、4、5、2、3 个，但变异较大。

星天牛（成虫）

幼虫：老熟幼虫体长 38 ~ 60mm，乳白至淡黄色，棕褐色单眼 1 对，前胸背板“凸”字形骨化区具 2 个飞鸟形纹。深褐色气门 9 对。

危害特点：成虫啃食嫩枝梢的皮层以补充营养，幼虫在皮下取食新鲜韧皮部，形成不规则虫道，常造成植株枯死。

1.6.9 眼斑齿胫天牛 *Paraleprodera diophthalma*

寄主：板栗。

鉴别特征：

眼斑齿胫天牛（成虫）

成虫：体长约23mm，头部触角基瘤突出；触角较体长，基部数节下缘有短缨毛，柄节较长，端部发达完整，第3节长于柄节或第4节。每鞘翅基部中央具1个眼状斑，该斑中间具7～8个光亮颗粒，周围具1圈黑褐色绒毛；翅面中部外侧具1条大型近半圆形深咖啡色斑纹，并镶有黑边。

危害特点：成虫啃食寄主新枝嫩梢，幼虫蛀食韧皮部和木质部。

1.6.10 密点白条天牛 *Batocera lineolata*

寄主：杨、核桃、桑、柳、榆、白蜡、泡桐、女贞、悬铃木、苹果、梨等。

鉴别特征：

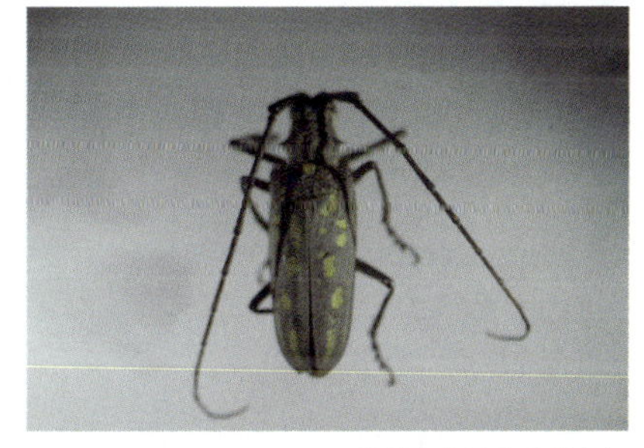

密点白条天牛（成虫）

成虫：体长32～65mm，宽9～20mm，黑褐至黑色，密被灰白色至灰褐色绒毛。雄虫触角超过体长1/3，雌虫触角略长于体长，每节下沿具多个细齿，雄虫从第3节起，每节的内端角并不特别膨大或突出。前胸背板中央具1对肾形白色或浅黄色毛斑，小盾片被白毛。鞘翅上具不规则的白色或浅黄色绒毛组成的云片状斑纹，排列成2～3纵行，以外面一行数量居多，并延至鞘翅端部。鞘翅基部1/4处具大小不等的瘤状颗粒，肩刺大而尖端微指向后上方。翅端略向内斜切，内端角短刺状。身体两侧由复眼后方至腹部末节具1条由白色绒毛组成的纵带。

幼虫：体长70～80mm，淡黄白色，前胸背板淡棕色，略呈方形，上布大小不一的褐色颗粒，前方近中线处有两个黄白色小点，小点上各具1根刚毛。

危害特点：成虫啃食被害树新枝嫩皮，幼虫蛀食被害树韧皮部和木质部，轻则影响树木生长，重则使林木枯萎死亡。

1.6.11 云斑白条天牛 *Batocera horsfieldi*

寄主：白蜡、桑、柳、乌桕、泡桐、枇杷、杨、苦楝、悬铃木、柑橘、紫薇、朴树、女贞、娜塔栎、无花果、麻栎等。

鉴别特征：

成虫：体长 32 ~ 65mm，宽 9 ~ 20mm，黑色或黑褐色，绒毛斑白或浅黄色。雄虫触角超过体长约 1/3，雌虫则略比体长，各节下方疏生细刺，第 1—3 节黑亮并有刻点和瘤突。前胸背板中区具 1 对肾形斑，侧刺突大而尖锐。小盾片近半圆形，基部被暗灰色绒毛，余皆密被白色绒毛。鞘翅上 10 余个云片状斑纹排成 2 ~ 3 纵行，外行斑数多并延至翅端；翅基颗瘤大小不等，末端微向内斜切，外端纯圆或略尖，内端角短刺状。体侧由复眼后方起至末腹节具 1 条白色纵带。

云斑白条天牛（成虫）

幼虫：老熟幼虫体长 70 ~ 80mm，粗肥多皱，乳白色至淡黄色，前胸背板淡棕色，略呈方形，中线前方两侧各具 1 个小黄点，点内生刚毛 1 根。

危害特点：成虫啃食嫩枝皮层和叶片，幼虫蛀食韧皮部，使受害处变黑、树皮胀裂、流出树液。

1.6.12 竹绿虎天牛 *Chlorophorus annularis*

寄主：竹类植物。

鉴别特征：

成虫：体长 10 ~ 16mm，宽 2.4 ~ 5mm，棕色或棕黑色。头部及背面密生黄色绒毛，腹面被白绒毛。头部具颗粒式刻点，额部中线明显似细脊。触角约为体长的一半或更长，柄节与第 3—5 节等长。前胸背板球形，具 4 个长形黑环，中央 2 个黑环至前端合并。鞘翅基部有近卵圆形黑环，中部有黑横纹，其外侧弯曲与黑环相接，鞘翅端部（基部）有 1 个圆形黑斑。鞘翅两边近平行，后缘浅凹形，内外缘角细齿状。

竹绿虎天牛（成虫）

幼虫：老熟幼虫体长 15 ~ 20mm，较瘦。头近方形，后方稍宽，两侧呈弧形。

危害特点：幼虫孵化后钻入竹材蛀食危害。

1.6.13 苎麻天牛 *Paraglenea fortuoei*

寄主：木槿、桑、苎麻。

鉴别特征：

成虫：体长 9.5 ~ 17mm，宽 3.5 ~ 6.2mm。体被浓密的浅色（淡草绿色或淡蓝色）绒毛，并具黑色斑纹。前胸背板色浅，中区两侧各具 1 个圆形黑斑。每鞘翅上具 3 个大黑斑。

苎麻天牛（成虫）

幼虫：体长约 25mm，乳白色，头红褐色，前胸背板前半部光滑，具黄褐色刚毛，后半部有褐色粒点组成的凸形纹，后胸和腹部第1—7节背面各具1个长椭圆形横凹纹，四周生褐色粒点。

危害特点：成虫食叶柄、嫩梢，致植株被害梢产生黄褐色斑点或被咬断。幼虫整个发育期蛀食植株基部或地下茎，破坏输导组织，影响水分和养分运输，致受害处变黑或干枯。

1.7 锹甲科 *Lucanidae*

1.7.1 扁锯颚锹甲 *Serrognathus platymelus*

寄主：杨、柳、榆、栎、构树、柑橘、梨等。

鉴别特征：

成虫：雌雄异型，雄虫体长35～90mm（含上颚），宽12～28mm。体扁，深棕褐色至黑褐色，有光泽。上颚发达，较扁阔，端部明显内弯，近基部有三角形齿1枚。端部有1枚小锥齿。雌虫体长21～40mm，上颚不发达。

扁锯颚锹甲（成虫）

危害特点：成虫吸食树液或啃食树皮。

1.7.2 中华大扁锹 *Dorcus titanus platymelus*

寄主：构树、垂柳等。

鉴别特征：

中华大扁锹（成虫）

成虫：体长 27 ~ 72mm，体黑褐色，具光泽，体型稍扁。雄虫上颚发达，具齿状排列，小型则无，翅鞘有光泽，头部具凹凸的刻点。

危害特点：成虫吸食树液或熟透的果实。

1.8 叩甲科 *Elateridae*

1.8.1 沟金针虫 *Pleonomus canaliculatus*

寄主：竹、松、柏、槐、青桐、悬铃木、枫、丁香、海棠等。

鉴别特征：

沟金针虫（成虫）

成虫：体长 14 ~ 18mm，宽 3.5 ~ 5mm，扁长形，深黑色，密被金黄色细毛。头部扁平，密布刻点，头顶凹陷三角形。雌虫触角 11 节，为前胸长度的 2 倍，前胸背板呈半球状隆起，后缘角外突，中央具 1 条细纵沟，鞘翅约为前胸长度的 4 倍。雄虫触角 12 节，长及鞘翅末端，鞘翅长度为头胸部长度的 5 倍。腹部可见腹板 6 节。足浅褐色。

幼虫：老熟幼虫体长 25 ~ 30mm，扁长，金黄褐色，被黄色细毛。口器、头部前端褐色，上唇前缘突起三齿状；胸腹背面中央具 1 条细纵沟；尾节末端分叉，各叉内侧具 1 枚小齿。

危害特点：幼虫取食寄主植物的地下部分，为害细嫩的幼苗幼茎，咬成不规则的缺刻。

1.9 丽金龟科 *Rutelidae*

1.9.1 黄褐丽金龟 *Anomala exoleta*

寄主：杨、柳、泡桐、榆、苹果、核桃、乌桕、夹竹桃等。

鉴别特征：

成虫：体长 15 ~ 18mm，宽 7 ~ 9mm，卵圆形。全体黄褐色，略带红色，有光泽。前胸背板深黄褐色，小盾片前面密生黄色细毛，鞘翅密生刻点。前足胫节外侧有齿突。腹部淡黄色，密生细毛，腹部分节明显。

黄褐丽金龟（成虫）

幼虫：体长 25 ~ 35mm，头部前顶每侧各有刚毛 5 ~ 6 根，1 排纵列。虹腹片后部刺毛列纵排 2 行，前段每列由 11 ~ 17 根短锥状刺毛组成，占全刺列长的 3/4，后段每列由 11 ~ 13 根长针刺毛组成，呈“八”字形向后叉开，占全刺毛列的 1/4。

危害特点：成虫、幼虫均能造成危害，而以幼虫危害最为严重。幼虫栖息土中，取食萌发的种子，造成缺苗断垄；咬断根茎、根系，使植株枯死，且伤口易被病菌侵入。

1.9.2 铜绿异丽金龟 *Anomala corpulenta*

寄主：杨、柳、榆、海棠、梨、梅、桃、柏、松、杉、油桐、乌桕、樱花、女贞、槭树、红枫、枫杨、香樟、夹竹桃、柑橘、扶桑、白蜡等。

鉴别特征：

成虫：体长 15 ~ 21mm，体背铜绿色有金属光泽，前胸背板及鞘翅侧缘呈黄褐色或褐色。唇基褐绿色且前缘上卷。复眼黑色。触角 9 节，黄褐色。前胸背板前缘弧状内弯，侧、后缘弧状外弯，前角锐而后角钝，密布刻点。鞘翅呈黄铜绿色且纵隆脊略见，合缝隆起较明显。雄虫腹面棕黄且密生细毛，雌虫腹面乳白色，末节横带棕黄色，臀板黑斑近三角形。足黄褐色，胫、跗节深褐色，前足胫节外侧具 2 枚齿，内侧具 1 根棘刺，2 只跗爪不等大，后足大爪不分叉。

铜绿异丽金龟（成虫）

幼虫：体长约 40mm，头部暗黄色，体乳白色，常常弯曲成“C”形，各体节多褶皱，腹部末端 3 节膨大，青黑色，肛门呈“一”字横列，在肛门周边散生多根刚毛，其中央具 15 ~ 18 对刚毛，分 2 列相对横生。

危害特点：成虫咬食寄主植物叶片以补充营养。幼虫在土中啃食多种果树、林木的根茎或根部皮层。

1.10 花金龟科 *Cetoniidae*

1.10.1 白星花金龟 *Protaetia brevitarsis*

寄主：女贞、月季、梅、榆、海棠、木槿、杨、柳、椿、槐、苦楝、白榆、桃、柑橘、葡萄、无花果、樱桃、梨、朴树等。

鉴别特征：

成虫：体长 18 ~ 24mm，椭圆形，背面扁平。体黑紫铜色，带有绿色或紫色光泽。头方形，前缘微凹，稍向上翘起，前胸背板梯形，小盾片三角形，前胸背板和鞘翅上散布不规则的条状白斑纹，上布小刻点。

白星花金龟（成虫）

幼虫：体长 24 ~ 39mm，肛腹片上的刺毛呈倒“U”形，分两纵列排列。

危害特点：幼虫为腐食性，在自然界中可以取食腐烂的秸秆、杂草等。以成虫危害为主，成虫食性极广，包括水果、蔬菜等经济作物。

1.10.2 凸星花金龟 *Protaetia aerata*

寄主：梅、榆、海棠、杨、柳等。

鉴别特征：

成虫：体长 21 ~ 26mm，宽 11.5 ~ 15mm，近长椭圆形，通常为绿色、铜红色、古铜色等，几乎遍布白绒斑。背面密布粗糙刻点。前胸背板短宽，两侧边缘为弧形，后角微圆，后缘具中凹，除盘区散布小刻点外，密布粗糙刻点和皱纹；中部具 2 对白绒斑，呈梯形排列。鞘翅较宽大，肩部最宽，其后外缘强烈弯曲，后外端缘呈圆弧形。臀板短宽，近三角形，末端圆；表面密布粗糙横向皱纹，雄虫皱纹较稀，具 4 块白绒斑，后部中央强烈突出，雌虫有中纵隆，两侧具压迹。

凸星花金龟（成虫）

危害特点：以成虫啃食寄主植物嫩枝为主。

1.10.3 黄粉鹿花金龟 *Dicronocephalus wallichii*

寄主：板栗、栎树、松树、构树等。

鉴别特征：

成虫：体长 19 ~ 25mm，被黄绿色粉层。唇基呈鹿角状剧烈前突。前胸背板中央 2 条叉状栗色肋纹较短。鞘翅近长方形，肩部最宽，两侧向后渐收狭，缝角不突出。

黄粉鹿花金龟（成虫）

危害特点：成虫取食板栗、栎、松等树木的花。

1.10.4 双斑小花金龟 *Oxycetonia jucunda*

寄主：杨、柳、榆、海棠等。

鉴别特征：

成虫：体长 11 ~ 16mm，宽 6 ~ 9mm，长椭圆形稍扁；背面暗绿或绿色至古铜微红及黑褐色；腹面黑褐色，具光泽，体表密布淡黄色毛和刻点；头小，黑褐或黑色，唇基前缘中部深陷；前胸背板半椭圆形，前窄后宽，中部两侧盘区各具 1 块白绒斑，近侧缘常生不规则白斑，有些个体无斑点；小盾片三角状；鞘翅狭长，侧缘肩部外凸，且内弯；翅面上具白色或黄白色绒斑，一般在侧缘及翅合缝处各具较大的斑 3 个；肩凸内侧及翅面上亦常具小斑数个；纵肋 2 ~ 3 条，不明显；臀板宽短，近半圆形，中部偏上具 4 块白绒斑，横列或呈微弧形排列。

双斑小花金龟（成虫）

幼虫：体长 32 ~ 36mm，头宽 2.9 ~ 3.2mm ；体乳白色，头部棕褐色或暗褐色，上颚黑褐色；前顶、额中、额前侧各具 1 根刚毛；臀节肛腹片后部生有短刺状刚毛，覆毛区的尖刺列每列各具刺 16 ~ 24 根，多为 18 ~ 22 根。

危害特点：成虫咬食杨、柳、榆、海棠等果树的芽、花蕾、花瓣及嫩叶，严重时常将花器或嫩叶吃光，影响果树的产量和树势。

1.11 鳃金龟科 *Melolonthidae*

1.11.1 暗黑鳃金龟 *Holotrichia parallela*

寄主：杨、榆、女贞、红叶李、梨、葡萄、桃等。

鉴别特征：

成虫：体长 18 ~ 22mm，黑褐色，无光泽。前胸背板最宽处在两侧缘中点以后，近基部。小盾片有刻点，每鞘翅各有4条隆起的脊，腹部中央节间线明显。

幼虫：体长 29 ~ 33mm。头部前顶毛每侧1根，位于冠缝侧，后顶毛每侧各1根。臀节腹面无刺毛列，钩状毛多，约占腹面的 2/3。肛门孔为三射裂状。

暗黑鳃金龟（成虫）

危害特点：暗黑鳃金龟是花生、豆类、粮食作物的重要地下害虫。成虫食性杂，食量大，有群集取食习性。幼虫食性杂，取食不同植物，对苗木的危害一般均较重。

1.11.2　黑绒鳃金龟 *Maladera orientalis*

寄主：杨、柳、榆、槐、樱花、梨、杏、桃、梅等。

鉴别特征：

成虫：体长 8 ~ 9mm，卵圆形，初羽化时为棕褐色，后渐成为黑褐色至黑色。体表密被细短绒毛，有丝绒般光泽。每鞘翅具 10 行由细刻点形成的隆线。

黑绒鳃金龟（成虫）

幼虫：体长 14 ~ 20mm，乳白色，头部黄色，体表多褶皱。肛门纵列，肛前散生的刚毛中具 14 ~ 21 根粗短扁直的刚毛，横向排成弧形。

危害特点：主要是成虫为害，成虫取食杨、榆及多种果树嫩叶及幼芽，也为害落叶松，对幼树、幼苗危害特别严重。幼虫以腐殖质及少量嫩根为食，对农作物及苗木根系造成伤害。

1.11.3 小黄鳃金龟 *Melolontha flavescens*

寄主：核桃、苹果、梨、丁香、海棠等。

鉴别特征：

成虫：体长 11 ~ 13.6mm，宽 5.3 ~ 7.4mm，全体黄褐色，被匀短密毛。头部黑褐色，唇基前缘平直向上翻转，复眼黑色。触角 9 节，棒状部 3 节，短小。前胸背板具粗大刻点。小盾片三角形。胸、腹及腿节生细长毛。臀板圆三角形。前足胫节外缘具 2 枚齿。雌雄同色。

小黄鳃金龟（成虫）

幼虫：共 3 龄，老熟幼虫体长约 14mm，乳白色，头部黄褐色。

危害特点：成虫和幼虫对园林植物均有危害，是园林植物重要害虫。成虫啃食植物根苗，主要为害草坪、各种花灌木及乔木等。

1.11.4 棕色鳃金龟 *Holotrichia titanis*

寄主：榆树、槐树、杨树等。

鉴别特征：

成虫：体长约 20mm，宽约 10mm；体棕褐色，具光泽。触角 10 节，赤褐色。前胸背板横宽，与鞘翅基部等宽，两前角钝，两后角近直角；小盾片光滑，三角形。鞘翅较长，为前胸背板宽的 2 倍，各具 4 条纵肋，第 1、2 条明显，第 1 条末端尖细，会合缝肋明显，足棕褐色。

棕色鳃金龟（成虫）

幼虫：体长 45 ~ 55mm，腹毛区中间具 2 列由短锥状刺组成的尖刺，每列各有 16 ~ 26 根，排列不整齐。

危害特点：成虫、幼虫均能为害，以幼虫为害最为严重。危害部位有种芽、种根、嫩叶、嫩茎、花蕾、花冠。幼虫栖息在土壤中，取食萌发的种子，造成缺苗断垄；咬断根茎、根系，使植株枯死，且伤口易被病菌侵入，造成植物病害。成虫咬食叶片成缺刻或孔洞，有的把叶片吃光，影响寄主的光合作用。

1.12 犀金龟科 *Dynastidae*

1.12.1 双叉犀金龟 *Allomyrina dichotoma*

寄主：桑、榆、无花果等。

鉴别特征：

成虫：体长 35 ~ 60mm，宽 19 ~ 34mm。体红棕、深褐色至黑褐色；雄虫体有光泽，雌虫体灰暗。雌雄二型，雄虫头上有强大的双分叉角突。角突端部向上后方弯指。雌虫无角突。

双叉犀金龟（成虫）

幼虫：身体肥大，最长约有 10cm。头部坚硬，密布刻点，正面为黑色，边缘为红褐色；咀嚼式口器，大颚强而有力；单眼退化仅留痕迹。身体其他部分较为柔软，常呈“C”形弯曲，乳白色或米黄色，体表半透明，腹部末端可见消化道内深色内容物。

危害特点：成虫危害桑、榆、无花果等树木的嫩枝。

1.12.2 中华晓扁犀金龟 *Eophileurus chinensis*

寄主：杨树等。

鉴别特征：

成虫：体长 18 ~ 28.5mm，宽 8 ~ 12mm，黑色，有光泽。体狭长椭圆形，背腹甚扁圆，头面略呈三角形，具稀疏刻点，唇基前缘钝角形，顶端尖而弯翘，中央具 1 竖生圆锥形额角，上颚大而端尖，向上弯翘。前胸背板横阔，密布粗大刻点。侧缘弧形扩出。鞘翅长，侧缘近平行，每鞘翅具 6 对平行的深刻点沟。前足粗壮，中、后足基跗节末端延伸成指状突。

中华晓扁犀金龟（成虫）

危害特点：成虫危害杨树的嫩枝。

1.13 负泥虫科 *Crioceridae*

1.13.1 紫茎甲 *Sagra femorata purpurea*

寄主：葛属植物、决明属植物、木蓝属植物、油麻藤属植物等。

鉴别特征：

成虫：体长 15 ~ 23mm，头部突出，稍窄于前胸背板或等宽，具明显头颈部。触角 11 节，呈丝状，第 1 节膨大，各节成椭球形，末节较长，约为其他节的两倍，末端尖锥状；头部沟呈“X”状。前胸明显窄于中、后胸，前胸背板呈长方形，两侧在中部收窄，背面隆起。鞘翅长形，盖及腹部，前缘明显宽于前胸，呈紫色或古铜色。雌虫前、中足较短，后腿节发达，端部达鞘翅边缘，端齿部明显；雄虫后腿

紫茎甲（成虫）

节粗长，端部远超鞘翅末缘，端齿明显。

幼虫：老熟幼虫体长约 27mm，蛴螬型，黄白色。体背具深褶皱，被微细短刚毛。头小，向前伸，触角极短小，单眼。前胸背板骨化强，中后胸背面有褶皱。胸足 3 对，短而粗。

危害特点：幼虫在作物茎内取食，刺激细胞增生，幼虫所在部位膨大成虫瘿，外观呈肿瘤状，其上可见排粪孔。

2 半翅目 *Hemiptera*

2.1 扁蚜科 *Hormaphididae*

2.1.1 杭州新胸蚜 *Neothoracaphis hangzhouensis*

寄主：蚊母树。

鉴别特征：

干母：由卵孵化出的孤雌胎生雌虫，是蚊母树上形成虫瘿的虫态。成瘿前1龄若虫体长约0.6mm，椭圆形，黄绿或淡绿色，体表疏生20根左右的长刚毛；头、胸部发达，约占体长的2/3；口器发达，口针伸达胸腹交界处。入瘿后2龄若虫体长1.3～1.5mm，梨形，嫩黄色，腹部背面两侧具由蜡孔群分泌出的短蜡丝组成的白色翼状蜡片。成虫期短梨形，嫩黄至黄白色，腹部肥大。

杭州新胸蚜（虫瘿）

迁移蚜：为有翅孤雌胎生雌虫，由瘿内干母的后代发育而成。体长1.3～2.1mm，长卵形。刚羽化时乳白至淡黄褐色，出瘿时体长0.63～0.78mm，深灰色。头、胸、触角、喙及足黑色。触角 5 节，第 3、4、5 节分别具轮形感觉圈 11 ~ 15、6 ~ 9、5 ~ 7 个。翅淡灰色，前翅中脉较淡，分为 2 岔，后翅肘脉两根。翅面巨鳞片状排列的微毛，尾片具短毛 6 ~ 9 根，尾根深凹，裂为两片。

侨蚜：孤雌生殖雌虫，是迁移蚜从蚊母树迁到第二寄主上的后代，体长约 0.6mm，粉虱型，灰黑至漆黑色，体背具有由圆柱形蜡质物组成的长圆形或不规则形白色蜡块。

性母：属有翅孤雌胎生雌虫，是第二寄主向蚊母树迁飞的虫态。若虫期 4 龄：1 龄体卵圆，淡黄色，头与前胸相愈合；2 龄体长椭圆形，淡黄色，头胸部等宽，无颈区；3 龄体长椭圆形，头部颈区明显，胸部具短小翅芽；4 龄体长椭圆形，翅芽明显，体表有巨蜡质毛状物，老熟时体略带绿色。

雌性蚜：性母的后代。体无翅，稍扁平，椭圆形，形似粉蚊的若虫。刚蜕皮时，体表光滑，嫩黄色，体节明显。固定后，足收缩于腹下，取食时偶尔见到一对后足。若虫期 3 龄，各龄若虫体表具由蜡孔群中各蜡孔分泌出的短蜡丝簇形成的蜡粉点，老熟若虫体略带淡紫褐色。成虫体长 13 ~ 16mm，淡黄色，体表光滑，无蜡孔，具网眼状纹，体内充满卵粒。触角 5 节，长约 0.7mm。足、触角、眼等色深。

雄性蚜：性母的后代。体型较小，长椭圆形，紫褐或灰褐色，若虫期 2 龄，体表具少量蜡粉。成虫体背面及体末具较长的刚毛。触角较长，约为体长的 1/2。足发达，其体型大小只及雌性蚜的一半。

危害特点：主要危害蚊母树，形成虫瘿。

2.2 蚜科 *Aphididae*

2.2.1 棉蚜 *Aphis gossypii*

寄主：棉花、石楠、芙蓉、木槿、石榴、扶桑、柳、梧桐、大叶黄杨、枇杷、海棠、悬铃木、菊花、牡丹等。

鉴别特征：

无翅胎生雌蚜：体长 1.5 ~ 1.8mm；夏季黄绿色，秋季深绿、暗绿、黑色等；

体表被蜡粉；复眼黑色，触角6节，仅第5节具感觉圈；腹管圆筒形，尾片圆锥形，近中部收缩。

有翅胎生雌蚜：体长1.2～1.9mm，黄色、浅绿色或深绿色；前胸背板黑色，腹部两侧具黑色斑纹3～4对；触角6节，第3节具5～8个成排感觉圈；腹管圆筒形，黑色。

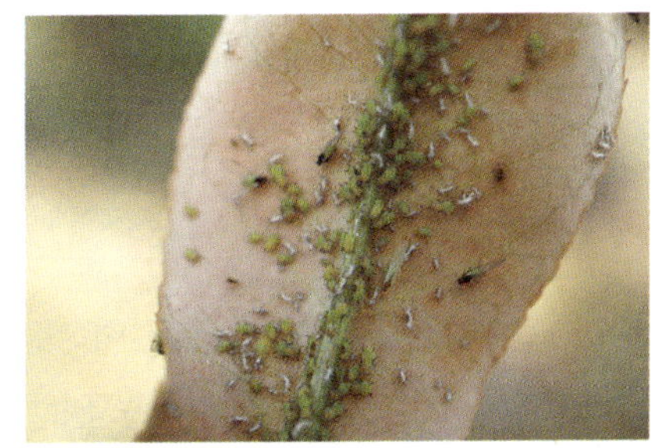
棉蚜（成虫和若虫）

危害特点：若虫、成虫为害寄主植物的嫩枝、嫩叶、花及幼果。寄主被害后生长发育不良，致使落花落果，降低产量。严重时，感染煤污病，影响叶片光合作用。

2.3 蚧科 *Coccidae*

2.3.1 红蜡蚧 *Ceroplastes rubens*

寄主：月桂、大叶黄杨、香樟、珊瑚树、桑、广玉兰、栀子、罗汉松、杜英、桂、合欢、八角金盘、白蜡、枸骨、山茶、枫香、梨、柿、柑橘、枣、枇杷等。

鉴别特征：

成虫：雌虫体长约2.5mm，球形或半球形，暗红色；蜡壳近椭圆形，蜡质坚硬，长3～4mm，初为玫瑰红色，后呈紫红色；老熟时背面隆起呈半球形，顶部凹陷，中央具1个白色脐状点，具4条白色蜡带向上卷起。雄虫体长约1mm，翅展约2.4mm，白色，半透明；至化蛹时蜡壳呈长椭圆形，暗紫红色。

红蜡蚧（成虫）

触角 10 节，顶端具 3～4 根长毛；腹部末端生针状交尾器。

若虫：初孵若虫呈扁平椭圆形，灰紫红。第 2 次蜕皮后，体背覆以白色透明蜡质。

危害特点：成虫和若虫群集在枝梢、果梗、叶柄、叶片上吸取汁液，并分泌蜜露，诱发煤污病，严重时使枝叶表面布满黑色灰尘，影响光合作用正常进行，树势减弱，产量下降，干枯枝增多，果实品质也受到很大的影响。

2.3.2 日本龟蜡蚧 *Ceroplastes japonicus*

寄主：红叶李、石楠、海棠、枇杷、樱花、桃、柳、杨、女贞、桂、枫香、珊瑚树、夹竹桃、罗汉松、乌桕、含笑、海桐、栀子、大叶黄杨、悬铃木、榆、朴、柑橘、瓜子黄杨、合欢、无患子、无花果、杜英、石榴、香樟、火棘等。

鉴别特征：

成虫：雌虫体长约 4mm，宽卵圆形，体表覆盖一层坚实不透明的灰白色蜡壳，背部中央隆起较高，其表面具凹线将背面分割成龟甲状板块。雄虫体长约 1mm，长椭圆形，棕褐色，有翅 1 对，腹部末端生针状交尾器；蜡壳椭圆形，雪白色，周围具 13 根放射状蜡壳。

日本龟蜡蚧（成虫）

若虫：初孵若虫体长约0.4mm，椭圆形，扁平，淡黄色。雌若虫蜡壳与雌成虫蜡壳相似。

危害特点：若虫早期在叶背面近叶脉处造成危害，后陆续爬回到1至3年生枝上固定吸食汁液，虫口集中在当年新梢及1年生枝条上危害，3年生以上老枝往往只剩下上年空壳。排泄物密布全树枝叶。雨季会引起大量煤污菌寄生，使叶面、枝条布满黑霉，严重影响光合作用。该虫对树冠的危害是从下层开始，向上扩展，因此下层危害重，上层危害轻。每年下层枝条逐渐枯死。

2.4 珠蚧科 *Margarodidae*

2.4.1 草履蚧 *Drosicha corpulenta*

寄主：杨树、枫杨、白蜡、槐、臭椿、海棠等。

鉴别特征：

成虫：雌虫体长7.8~10mm，长椭圆形，黄褐色或红褐色。体被细毛和白色蜡粉，腹部具横褶皱和纵沟，形似草鞋；虫体背、腹两面具体刺和体毛。雄虫体长5~6mm，紫红色；触角丝状，10节；翅1对，淡黑色；腹部各节侧缘具毛簇。

若虫：外形与雌虫相似，但虫体较小。

草履蚧（雌成虫）

草履蚧（若虫）

危害特点：以成虫和若虫刺吸危害林木，使受害林木不能正常萌芽或萌芽后失水萎蔫，严重的可导致树木枯死。

2.5 盾蚧科 *Diaspididae*

2.5.1 黑褐圆盾蚧 *Chrysomphalus aonidum*

寄主：苏铁、山茶花、兰花、柑橘、黑松、罗汉松、夹竹桃、悬铃木、大叶黄杨、栗、葡萄、银杏、玫瑰、冬青、樟树等。

鉴别特征：

成虫：雌虫体黄褐色，圆形，略突；老熟时前体部膜质或有时仅稍硬化，倒卵形，在胸部两侧各具 1 个刺状突起；雌虫介壳色泽似有变化，但趋于极暗色或黑色，圆形，蜡质坚厚，中央隆起，周围向边缘略倾斜，壳面环纹密，而且显著，略似锥形草帽，附有灰褐色边缘，介壳中央顶端具 2 个圆形壳点，第 2 个壳点色较淡。雄虫体长约 0.8mm，翅展约 2mm，黄色，透明。雄介壳色泽与质地同雌介壳，椭圆或卵形。

黑褐圆盾蚧

若虫：初龄若虫体长 0.24 ~ 0.26mm，长椭圆形，浅黄色；具足和触角，腹部末端具 1 对长尾毛。经过第一次蜕皮后，除口针外，触角、足和尾毛均消失；2 龄以后，雌若虫介壳呈圆形；雄若虫介壳呈椭圆形，壳点远离中心。

危害特点：若虫和雌成虫多聚集在叶背主脉附近为害，以后转移分散到枝干及叶片等部位，用口器吸吮叶和枝的汁液，受害叶片和枝条变黄，早期落叶，树体长势衰弱，影响其观赏性。虫体分泌物堵塞叶面气孔还会诱发霉菌，形成煤烟状霉层，受害严重时枝叶枯萎甚至整株死亡。

2.6 木虱科 *Psyllidae*

2.6.1 樟个木虱 *Trioza camphorae*

寄主：香樟。

鉴别特征：

樟个木虱（虫瘿）

成虫：体长1.6～2.0mm，翅展约4.5mm，黄色。触角10节，丝状，末端具2根刚毛；复眼黑褐色，各足胫节端部具3根黑刺。

若虫：初孵若虫体长约0.3mm，扁椭圆形，乳白色，固定后浅黄色。体周围具白色蜡丝，随着虫体增长，体周白色蜡丝趋于浓密，几乎覆盖虫体，体色逐渐加深至黄绿色；复眼红色；老熟后虫体呈灰黑色，蜡丝排列紧密，羽化前蜡丝脱落。

危害特点：幼虫危害香樟，初期叶面出现黄绿色斑点，随虫体长大，斑点不断扩大，叶背凹陷，叶面增生突起，形成紫红色的虫瘿。

2.7 蝽科 *Pentatomidae*

2.7.1 茶翅蝽 *Halyomorpha halys*

寄主：池杉、海棠、梧桐、榆、山茶、桑、柳、梨、石榴、柑橘、泡桐、悬铃木、葡萄等。

鉴别特征：

成虫：体长约15mm，宽8～9mm，扁椭圆形，灰褐略带紫红色。触角第4节两端黄色，第5节基部黄色。前胸背板、小盾片和前翅革质均具黑褐色刻点，前胸背板前缘具4个黄褐色小点横列，小盾片基部具5个小点横列，腹部两侧各节均具1块黑斑。

茶翅蝽（成虫）

茶翅蝽（若虫）

若虫：初孵近圆形，体白色，后变为黑褐色，腹部淡橙黄色，各腹节两侧节间具1块长方形黑斑，共8对，老熟若虫与成虫相似，无翅。

危害特点：成虫、若虫均可为害，以其刺吸式口器刺入果实、植物枝条和嫩叶吸取汁液。成虫经常成对在同一果实上为害，而若虫则聚集为害。被为害的果实轻则会呈现部分凹陷斑，重则可造成果实畸形，不但直接影响水果品质，还可造成落果。

2.7.2 大皱蝽 *Cyclopelta obscura*

寄主：豆科植物。

鉴别特征：

成虫：雌虫体长12～15mm，宽6.5～7.5mm；雄虫体长11.5～13.5mm，宽6.5～7.5mm。体黑褐色，有时微带红色，无光泽，前胸背板后半具明显平行横皱，体背其余部分均较粗糙且似有不明显的横皱。触角多细毛，第2、3节较扁平，头部侧叶宽阔，约为中叶宽度的4倍，并在中叶前方相遇合。小盾片基部中央具1块黄白色近三角形小斑，末端有时亦具1块黄白色斑点，腹部背面红棕色，侧接缘黑色，每节中央具黄色小点，后角具小颗粒状突起。腹部腹面色较淡，具不规则黑斑块，胸足间具浅沟。

大皱蝽（成虫）

若虫：共5龄，形态、斑纹均陆续变化。1龄若虫，体长1.8～2mm，洋梨形。触角、复眼、足、胸部均为黄褐色，腹部淡黄色，背面具7个黄褐色至深灰褐色横形长斑。2龄若虫，体长2.3～2.5mm，洋梨形。色泽及斑纹与1龄若虫相似，但腹侧缘斑块间距离较一龄若虫大。3龄若虫，体长3.5～3.7mm，洋梨形。头、复眼、胸部及足均为深褐色或黑褐色，前胸背板黄褐相间，在中线两侧各具1条深色纵带。4龄若虫，体长6～8mm。身体开始变得扁平，黄色至褐色，胸部背面具2条黑褐色纵带，前胸背板的胝显现，中胸侧角向后延伸成翅芽，腹部两侧各具1条深色纵带，腹背臭脉孔明显。5龄若虫，体长9～12mm。雌雄性征明显，前胸背板具两块黑斑，胸部背面横皱明显，小盾片开始形成，两侧黑色。

危害特点：成虫、若虫群集在寄主嫩枝或嫩茎上刺吸寄主汁液，影响植物的生长、发育，被害严重的植株矮小、叶片早落，甚至整株枯死，被害幼树生长缓慢，叶片退绿、黄化，提早脱落，枝条较短。

2.7.3 二星蝽 *Stollia guttiger*

寄主：泡桐、栀子、无花果、海棠、柳、扶桑等。

鉴别特征：

成虫：体长5～7mm，宽4～5mm，卵圆形，黄褐色，密布黑色刻点。头黑色，触角黄褐色，末节黑褐色，小盾片舌状，两基角处各具1块明显的黄白色斑。

二星蝽（成虫）

若虫：形似成虫，触角4节。1龄若虫近圆形，头胸黑色，腹部褐黄色，之后体渐变为卵圆形，头胸浅褐色，腹部淡黄褐色。

危害特点：成虫、若虫喜在嫩茎、穗部及较老叶片上吸食汁液，被害处呈现黄褐色小点，严重时嫩茎枯萎，叶片变黄，穗部形成空粒或落花，少数植株可致枯死。

2.7.4 麻皮蝽 *Erthesina fullo*

寄主：柳、悬铃木、槐、臭椿、泡桐、乌桕、桃、海棠、柑橘、石榴、合欢、桂、水杉等。

鉴别特征：

成虫：体长 20 ~ 25mm，黑色，密布黑色刻点和不规则细小黄斑。触角第 5 节基部有 1 段为黄白色。头部中央至小盾片基部具 1 条黄色细线，前胸背板前缘有黄色窄边，胸部腹面黄白色，节间黑色。

麻皮蝽（成虫）

麻皮蝽（若虫）

若虫：初孵化的 1 龄若虫围在卵块的周缘。初龄若虫胸、腹部具黄黑相间横纹。

危害特点：成虫、若虫吸食叶片、嫩茎尖、幼果的汁液，影响植物的正常生长。

2.7.5 珀蝽 *Plautia fimbriata*

寄主：柑橘、梨、桃、柿、李、泡桐、马尾松、枫杨、盐肤木等。

鉴别特征：

成虫：体长 8 ~ 11.5mm，宽 5 ~ 6.5mm，长卵圆形，具光泽，密被黑色或与体同色的细刻点。头鲜绿色，触角第 2 节绿色，3、4、5 节绿黄色，末端黑色；复眼棕黑色，单眼棕红色。前胸背板鲜绿色。两侧角圆而稍凸起，红褐色，后侧缘红褐。小盾片鲜绿色，末端色淡。前翅革片暗红色，刻点粗黑，并常组成不规则斑。腹部侧缘后

珀蝽（成虫）

角黑色，腹面淡绿色，胸部及腹部腹面中央淡黄色，中胸片上具小脊，足鲜绿色。

危害特点：成虫、若虫以刺吸式口器吸食叶片、嫩梢、果实的汁液，嫩芽、幼叶受害后，布满褪绿、黄色小点，生长不良，其分泌物造成林下其他植物诱发煤污病，致使植株死亡。

2.7.6 小皱蝽 *Cyclopelta parva*

寄主：刺槐、紫穗槐、胡枝子、葛条等。

鉴别特征：

成虫：体长 12 ~ 15mm，宽 6 ~ 10mm，卵圆形，黑褐色，无光泽。头小，触角 4 节，黑色，第 2、3 节稍扁。前胸背板后半部及小盾片上，具横向细皱纹。小盾片前缘中央具 1 个红黄色小点，有时末端也具 1 个小黄点。小盾片三角形，覆盖腹部第 4 节。其基缘中央常具黄褐色或红褐色小斑，腹部背、腹面红褐色，两侧缘各节中央具红褐色横斑。腿节下方具刺。雌虫生殖节腹面稍凹陷，纵裂，后缘内凹深；雄虫生殖节腹面完整，稍鼓起，后缘圆弧状。

小皱蝽（若虫）

若虫：初孵时淡红色，将近脱皮时头和胸部变为红褐色。触角节间及复眼暗红色。腹部浅红色。5 龄若虫体长 12 ~ 14mm，前胸背板具 2 个半圆形对称褐色花纹，小盾片三角形，边缘色深。

危害特点：成虫多群集于 1 ~ 3 年生萌芽条上，取食幼树梢部和枝杈处的幼嫩部位为害。取食时，将口针插入皮孔和皮裂处，吸食汁液。刺槐被害后，树叶变黄早落，受害部位呈现紫红色，轻者变色部位可以恢复，重者变色部位臃肿、破裂、腐烂，使枝条枯死。

2.7.7 竹卵圆蝽 *Hippota dorsalis*

寄主：毛竹、红壳竹、黄枯竹、淡竹、刚竹、石竹等。

鉴别特征：

成虫：体长 13.5 ~ 15.5mm，宽 7.5 ~ 8mm。背面隆起颇高。初羽化成虫乳黄色，4h 后为灰青色，略具光泽，后变为灰黄色、灰褐色、青褐色，密布黑色刻点，被白粉。头钝三角形，前端缺口状，中叶短于侧叶。复眼暗红色，内侧具 1 块无刻点光滑小区。触角 5 节，黄褐至黑褐色，末节基半部黄白色。前胸背板前侧缘黑色，刻点少。小盾片末端具黄白色月牙形斑，无刻点。前翅膜翅片淡黑色，革片侧缘基部黑色。足淡黄色。

竹卵圆蝽（若虫）

若虫：竹卵圆蝽若虫 5 龄，各龄若虫体长与体形为：1 龄若虫体长 1.8 ~ 2mm，短椭圆形，黄白色。头部中叶与侧叶等长，复眼暗红色。2 龄若虫体长 2.8 ~ 3.5mm，灰黄色，具黑色刻点。头前端成正方形凹入，侧叶长于中叶。前胸背板浅黑色，背中线色浅，侧缘浅黄白色。3 龄若虫体长 4.6 ~ 5.2mm，棕黄色，具黑色刻点。头前端缺口状，侧叶长于中叶。中后胸背板侧缘黑色，腹部侧缘黄白色。4 龄若虫体长 7 ~ 9mm，棕黄色，具黑色刻点。复眼褐色。中后胸背板侧缘黑色，从上述黑斑到腹末连接成黑色“V”字形斑。5 龄若虫体长 9.5 ~ 13.5mm，棕黄色，具黑色刻点。腹部侧缘浅黄色。翅芽突出，黑色，上具“V”字形黑斑。

危害特点：成虫、若虫喜在竹竿、竹枝的节上群集刺吸汁液，毛竹受其危害后，轻者枝枯叶落，生长不良，出笋少而小，重者整株干枯死亡。

2.8 龟蝽科 *Plataspidae*

2.8.1 筛豆龟蝽 Megacopta cribraria

寄主：大豆、绿豆、豇豆等。

鉴别特征：

成虫：雌成虫体长 4.5 ~ 7mm，宽 4.5 ~ 5mm；雄成虫体长 4 ~ 4.5mm，宽 3.5 ~ 4mm。体扁卵圆形，黄褐色或草绿色。头小，复眼红褐色，触角 5 节。前胸背板前部具 2 条弯曲暗褐色横纹，前胸及小盾片密布粗刻点，小盾片发达，几乎将腹部及翅全部覆盖。腹部腹面中区黑色，两侧具宽阔黄色辐射状带纹。

筛豆龟蝽（成虫）

若虫：共 5 龄。1 龄体长 0.6 ~ 1.3mm，初孵时橘红色，取食后肉黄色，腹背具一“T”字形纹，密被淡褐色细毛。2 龄体长 1.2 ~ 2.4mm，米黄色，密被褐色细毛。3 龄体长 2.8 ~ 3.2mm，已成龟形，胸腹各节（后胸除外）两侧向外前方扩展成半透明半圆薄板。4 龄体长 3.7 ~ 4.5mm，翅芽棕褐色，伸达第 2 腹节，前胸背板淡褐色，具小刻点，中后胸背或腹背具一红色横纹。5 龄体长 4.8 ~ 6mm，翅芽伸达第 3 腹节，腹背具 2 条红色横纹。

危害特点：成虫、若虫群集在茎秆、叶柄、荚果上吸取汁液，植株早衰，荚果不实。

2.9 红蝽科 *Pyrrhocoridae*

2.9.1 小斑红蝽 *Physopelta cincticollis*

寄主：毛竹、油茶、白背野桐、油桐、柑桔等。

鉴别特征：

成虫：体长 11.5 ~ 14.5mm，宽 3.5 ~ 4.5mm，长椭圆形，棕褐色，被半直立细毛。头顶暗棕色；喙暗棕色；触角黑色，第 4 节半部浅黄色。前胸背板除前缘和侧缘棕红色外，大部分暗棕色；前胸背板前叶微隆起，后叶具刻点；小盾片暗棕色。前翅革片顶角黑斑椭圆形，其中央黑斑具明显的刻点；前翅膜片暗棕色；腹部腹面节缝棕黑色；前足股节稍膨大，其腹面近端部具 2 ~ 3 个刺。

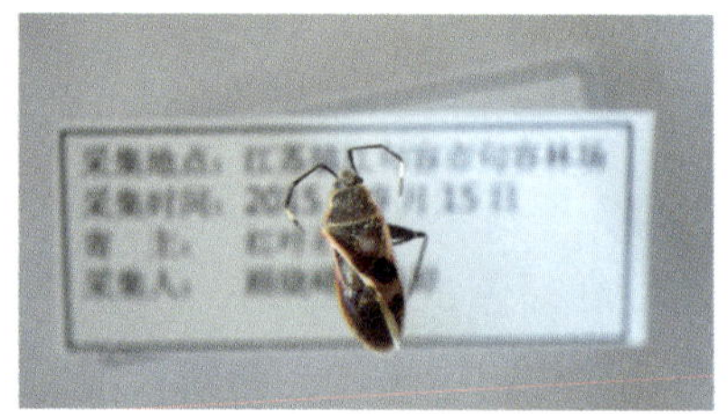

小斑红蝽（若虫）

危害特点：以若虫、成虫刺吸植物嫩叶和嫩枝为主。

2.10 同蝽科 *Acanthosomatidae*

2.10.1 伊锥同蝽 *Sastragala esakii*

寄主：柞树、栎树等。

鉴别特征：

成虫：体长约 11mm，椭圆形，带有较为浓密的深棕色刻点；头及前胸背板前部黄褐色；前胸背板后方褐绿色，小盾片具大型黄色心形斑。

伊锥同蝽（成虫）

危害特点：以若虫、成虫刺吸植物嫩叶和嫩枝为主。

2.11 网蝽科 *Tingidae*

2.11.1 梨冠网蝽 *Stephanotis nashi*

梨冠网蝽（成虫）

梨冠网蝽（若虫）

寄主：桃、梨、海棠、樱花、桑、泡桐、栀子、月季、茶花、含笑、茉莉等。

鉴别特征：

成虫：体长约 3.5mm，扁平，黑褐色。头小，复眼暗黑色。触角 4 节，丝状。前胸背板中央纵向隆起，向后延伸如扁板状，盖住小盾片，两侧向外突出呈翼片状。前胸和前翅面呈密网纹状。前翅长方形，半透明，具黑褐色斑纹，静止时两翅叠起黑褐色斑纹构成“X”状；后翅膜质，白色。胸部腹面黑褐色。足黄褐色。腹部金黄色，具黑色斑纹。

危害特点：成虫、若虫在叶片背面吸食汁液，叶片正面会出现黄白色斑点，严重时造成叶片脱落；在叶片背面排泄大量的黑褐色分泌物，污染下部叶片，利于霉菌滋生，不但阻碍光合作用，还可造成病害流行。

2.11.2 悬铃木方翅网蝽 *Corythucha ciliata*

寄主：一球悬铃木、二球悬铃木、三球悬铃木。

鉴别特征：

悬铃木方翅网蝽（成虫）

成虫：长翅型，雌虫体长 3.3 ~ 3.7mm，宽 2.1 ~ 2.3mm，雄虫比雌虫个体稍小，雌虫腹部肥大，末端圆锥形，产卵器明显，产卵器基部具下生殖片，雄虫腹部相比瘦长，腹末具 1 对爪状抱握器。成虫头兜、中纵脊、侧纵脊及翅的网肋上密布直立小刺，侧背板和前翅前缘见明显刺列，头顶及体腹面黑褐色，足和触角浅黄色，头顶光滑无头刺，触角短于前胸背板，共 4 节，第 3 节纺锤形膨大呈纺锤形。前胸背板盘域平隆，头兜盔状但中度扁平，前端明显伸过头端，后端扩展至盘域中部；中纵脊明显低于头兜，前翅“X”斑由前缘域前后 2 个黑斑、中域端部的 1 个黑斑及膜域中央的纵黑斑组成，前翅前缘基部强烈上卷，近直立，但亚基部处呈直角状外突，而中部浅凹，使得前翅近长方形。腹部宽短，后部强烈收缢。

若虫：共 5 龄，老熟若虫体长 1.65 ~ 1.87mm。头部刺突共 5 枚，触角下 2 枚单刺，前额区具 1 枚 4 叉刺突，复眼后着生 2 枚 4 叉刺突，触角 4 节，第 3 节最长，第 4 节膨大，复眼突出，喙伸达后胸腹板中部。头兜半球形，其前缘处具 2 对单刺，后缘部为 1 对 3 叉刺突。前胸背板侧缘后端具 1 枚单刺，中胸小盾片黄白色，具 1 对单刺突，前翅前端为褐色，后部为黄白色，在其外侧中央具 1 枚 2 叉刺突。腹部黑褐色，侧缘黄白色，背面中央纵列 4 枚单刺，两侧各具 6 枚 2 叉刺突。

危害特点：成虫、若虫通常于悬铃木树冠底层叶片背面吸食汁液，最初造成黄白色斑点和叶片失绿，严重时叶片由叶脉开始干枯至整叶萎黄、青黑及坏死，从而造成树木提前落叶、树木生长中断、树势衰弱至死亡。

2.11.3 樟脊冠网蝽 *Stephanitis macaona*

寄主：香樟、二球悬铃木、油梨等。

鉴别特征：

成虫：虫体大小、颜色与梨冠网蝽相似。前翅白色透明，有网纹和金属光泽，膜质；前翅有颗粒状突起，中部稍凹陷。胸背板中央有薄片状长方形突环。足浅黄色，跗节浅褐色。

樟脊冠网蝽（若虫）

若虫：初时乳白色，取食后为淡黄色，腹背暗绿色，各足基节黑色。头圆鼓，腹眼稍突出，红色；触角 4 节。头部前端具 3 枚长刺，呈三角形排列，头顶两侧及前、中胸侧角上各具 1 枚长刺，中胸背板上具 2 枚短刺，腹部背板上具 4 枚短刺，两侧缘各具 6 枚长刺。2 龄若虫腹部两侧缘的长刺变为枝刺。3 龄若虫，稍平扁，黄褐色。腹部墨绿色，触角第 3 节端部膨大，第 4 节略成纺锤形。体上各刺均成枝刺。4 龄若虫，黄褐色；翅芽和腹部墨绿色。触角第 3、4 节端部稍膨大。前胸背板后缘中部稍向后延。延伸部分的中央两侧各具白色短刺 1 枚。5 龄若虫，触角第 2 节极短，近圆形，第 3、4 节端部不膨大。前胸背板中央两侧各具 1 枚长刺。

危害特点：成虫、若虫常群集于叶背吸食汁液，被害叶正面呈浅黄白色小点或苍白色斑块，反面为褐色小点或锈色斑块。严重被害时，全株叶片苍白焦枯脱落，还诱发煤污病，对树势生长发育影响颇大，该虫对 3m 高左右的幼壮年树为害更甚。

2.12 缘蝽科 *Coreidae*

2.12.1 暗黑缘蝽 *Hygia opaca*

寄主：柑橘、马尾松、麦冬、桑、白栎、女贞等。

鉴别特征：

成虫：体长 8.5 ~ 10.0mm，腹部宽 3.3 ~ 3.5mm，黑褐色。喙、触角第 4 节端部（除基节外）、各足基节和跗节及腹部侧接缘各节基部淡黄褐色。头背面鼓起，前胸背板前叶胝部显著高于领，背板侧缘中部向内稍凹入。喙直，达腹板第 2 节基缘。前翅短，不超过腹部末端，膜片翅脉网状。雄虫生殖节后缘完整，不分叉突，仅中央处微凹陷。

暗黑缘蝽（成虫）

危害特点：成虫、若虫以口针刺吸寄主汁液、浆液。

2.12.2 稻棘缘蝽 *Cletus punctiger*

寄主：竹、柑橘、柳、泡桐、枫香等。

鉴别特征：

成虫：体长 9.5 ~ 11mm，宽 2.8 ~ 3.5mm，黄褐色，狭长，刻点密布。头顶中央具短纵沟，头顶及前胸背板前缘具黑色小粒点，触角第 1 节较粗，长于第 3 节，第 4 节纺锤形。复眼褐红色，单眼红色。前胸背板多为一色，侧角细长，稍向上翘，末端黑色。

稻棘缘蝽（成虫）

危害特点：成虫、若虫以口针刺吸汁液、浆液，刺吸部位形成针尖大小褐点，严重时植株受害位置色暗黄。

2.12.3 点蜂缘蝽 *Riptortus pedestris*

寄主：蚕豆、豌豆等豆科植物等。

鉴别特征：

成虫：体长 15 ~ 17mm，宽 3.6 ~ 4.5mm，狭长，黄褐至黑褐色，被白色细绒毛。头在复眼前部成三角形，后部细缩如颈。头、胸部两侧的黄色光滑斑纹成点斑状或消失。前胸背板及胸侧板具多个不规则黑色颗粒，前胸背板前叶向前倾斜，前缘具领片，后缘具 2 个弯曲，侧角成刺状。小盾片三角形。足与体同色，后足腿节有黄斑，腹面具 4 个较长的刺和几个小齿，腹下散生许多不规则的小黑点。

点蜂缘蝽（成虫）

危害特点：成虫、若虫刺吸寄主的花、果、豆荚、嫩茎、嫩叶的汁液，造成寄主花蕾凋落，生育期延长，果荚形成瘪粒、瘪荚，严重时全株瘪荚，颗粒无收。同时可以传播病毒和其他病害，如花叶病毒病、斑枯病、斑疹病等。

2.12.4 黄伊缘蝽 *Rhopalns maculatus*

寄主：松树。

鉴别特征：

成虫：体长 7 ~ 8mm，宽 2.5 ~ 3mm，橙黄色。头三角形，表面粗糙，被白色绒毛，前胸背板具 1 条横隆线，前端细缩如颈状，中胸背板和小盾片上的刻点褐色。前翅革区散生黑褐色斑点，膜片浅橘色，足橘黄色，腹部背线红色。

黄伊缘蝽（成虫）

危害特点：成虫、若虫以口针刺吸寄主汁液、浆液。

2.12.5 宽棘缘蝽 *Cletus schmidti*

寄主：石楠等。

鉴别特征：

成虫：体长 8.5 ~ 10mm，宽 2.6 ~ 3.3mm，棕黄色。被黑褐色刻点，头部及前胸背板前部的细小颗粒浅色。头顶纵沟两侧由黑刻点形成不规则的斑纹；触角第 1 节外侧纵纹及第 2 节暗棕色，第 3、4 节棕红色或棕黄色。前胸背板后部刻点粗密；侧角后缘齿状突显著。小盾片顶端浅色，低于侧缘。前翅前缘基半浅色，顶角、端缘及内角常呈紫褐色，顶角处白斑小，但较明显。

宽棘缘蝽（成虫）

危害特点：成虫、若虫以口针刺吸寄主汁液、浆液。

2.12.6 瘤缘蝽 *Acanthocoris scaber*

寄主：马铃薯、豆科植物等。

鉴别特征：

瘤缘蝽（成虫）

成虫：体长 10.5 ~ 13.5mm，宽 4.0 ~ 5.1mm，褐色。触角具粗硬毛。前胸背板具显著瘤突；侧接缘各节的基部棕黄色，膜片基部黑色，胫节近基端具 1 条浅色环斑；后足股节膨大，内缘具小齿或短刺；喙达中足基节。

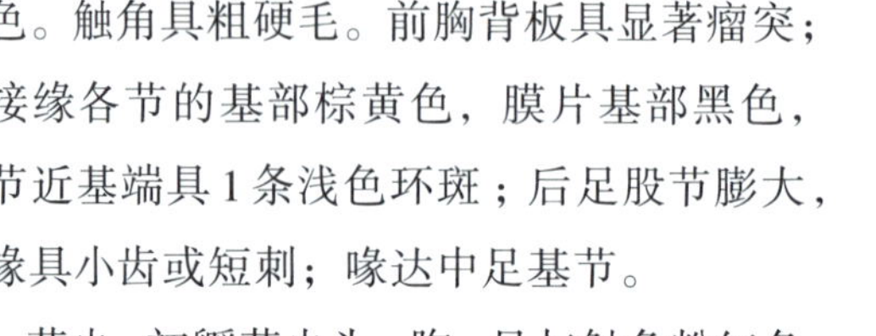

若虫：初孵若虫头、胸、足与触角粉红色，后变褐色，腹部青黄色；低龄若虫头、胸、腹及胸足腿节乳白色，复眼红褐色，腹部背面具 2 个近圆形的褐色斑。

危害特点：成虫、若虫刺吸植物茎秆、嫩梢、叶柄、花梗的汁液，叶片也可受害，但以茎秆、嫩梢、叶柄受害较重。受害部有变色斑点，叶片受害处干枯、穿孔，严重影响结实，甚至整株成片枯死。

2.12.7 瓦同缘蝽 *Homoeocerus walkerianus*

寄主：桑、黄檀、合欢、松、樟、油桐、麻栎、马尾松、刺槐、柑桔、竹等。

鉴别特征：

瓦同缘蝽（成虫）

成虫：体长 16.2 ~ 17.8mm，宽 4.6 ~ 5.1mm。体狭长，两侧缘近平行，鲜黄绿色。头、前胸背板和前翅的绝大部分褐色。触角 4 节，第 1—3 节紫褐色，第 4 节最短，基半部黄绿或黄色，端半部褐色或黑褐色。前胸背侧角呈三角形，稍向上翘，侧缘密被黑色小颗粒。中、后胸侧板中央各具 1 个小黑点。前翅前缘有 1 条黄绿色的带纹，此纹在革片近端 1/3 处向内扩展成半圆形斑。

若虫：5 龄若虫体长 15.35 ~ 15.74mm。长椭圆形，头、胸部背板中央淡黄褐色，第 4 节基部 2/3 黄绿。前胸背板梯形，侧缘紫红色，后缘浅褐，中隆线淡黄绿。翅芽达第 3 可见腹节后缘。腹部侧接缘各节的后角具褐斑；臭腺孔呈小黑点状突出。

危害特点：喜在嫩茎、嫩枝及较老的叶面吸汁，被害处呈黄褐色小点。局部地区密度较大，叶片出现小褐斑，最后穿孔或提早脱落，嫩茎、嫩枝枯萎。

2.12.8 纹须同缘蝽 *Homoeocerus striicornis*

寄主：柑橘、合欢、茄科植物、豆科植物等。

鉴别特征：

成虫：体长 18 ~ 21mm，宽 5 ~ 6mm。体草绿或黄褐红色，头项中央稍前处有一短纵陷纹。触角红褐色，第 1、2 节约等长，长于前胸背板。复眼黑色，单眼红色，喙 4 节，可达中足基节前，第 3 节明显短于第 4 节。前胸背板较长，有浅色斑，侧缘黑色，黑缘内方有淡红色纵纹；侧角呈锐角，上有黑色颗粒。

纹须同缘蝽（成虫）

危害特点：成虫、若虫以口针刺吸寄主汁液、浆液。

2.13 长蝽科 *Lygaeidae*

2.13.1 斑脊长蝽 *Tropidothorax cruciger*

寄主：白薇、大蓟等。

鉴别特征：

斑脊长蝽（若虫）

成虫：雌虫体长 11 ~ 13.5mm，头宽 1.6 ~ 1.9mm，红色。复眼、触角、足和胸腹面为黑色。喙伸过第 2 腹节末，触角 4 节。前胸背面有 2 个梯形黑斑，斑间及外缘为赤红色。翅折叠于背，有 4 个黑斑。腹背 2 ~ 4 节两侧具 2 个椭圆形大黑斑，5 节上具 2 个小圆黑斑，腹末节红色。雄虫体长 8 ~ 9mm，头宽 1.3 ~ 1.5mm，红色，背斑同雌体，腹面各节上具“一”字形黑斑，腹末节黑色。

危害特点：成虫、若虫集中为害植株顶部的嫩尖和叶，致使植株萎蔫，生长受抑及枯死。

2.13.2 红脊长蝽 *Tropidothorax elegans*

寄主：萝藦科植物等。

鉴别特征：

红脊长蝽（若虫）

成虫：体长 9 ~ 10mm，宽 2 ~ 3.5mm，红色，具黑色大斑，头、触角、喙黑色。前胸背板侧缘隆起呈脊状，中脊完整，后半部具 1 对黑色大斑。小盾片黑色。爪片黑色，两端红，革片红色，中部具不规则大黑斑。膜片黑色，内角和端缘乳白色。前胸腹面和基节臼红色，后者背方具1个大斑，有时相互连接成1条横带。腹部末端黑色。

若虫：5龄若虫体长6.1～8.5mm，头部黑色，前胸背板具2个黑色斑，腹部背面各节有大型黑色中斑和侧斑，中斑和侧斑常相互连续成为1条横带，各节横带又可相连，似成1个大黑斑；腹部侧缘橘黄色。足黑色。

危害特点：成虫、若虫呈窝状聚集于花木的茎、芽、叶、花穗及果实等部位进行刺吸为害，常常导致被刺吸处失绿，进而呈现出褐色斑点。为害较重时，导致花木茎、叶枯萎，使得植物长势衰弱和提早落叶。

2.13.3 小长蝽 *Nysius ericae*

寄主：桑树等。

鉴别特征：

成虫：体长3.6～4.5mm。头部红褐至棕褐色，两侧各具1条黑色宽纵带，常与复眼后黑色区相连，头背面中央常具"X"形黑色纹。触角4节，褐色，第1、4节色较深。喙末端伸达后足基节后缘。前胸背板浅黄色，巨大而密刻点，中央具1条深色纵纹，近前缘具1条黑色宽横带。小盾片黑色。前翅革质区淡白半透明，翅脉上具褐斑，膜质区透明无斑。胸部腹面黑色，足淡褐色，腿节具黑斑。雄虫腹部腹面黑色，雌虫腹部腹面基半部黑色，后半部两侧黑色，中央淡黄褐色。

小长蝽（若虫）

若虫：5龄若虫，体长3～4mm，接近成虫体形，体色加深，前胸背板梯形更显，中胸背板明显长于后胸背板外露部分，左右二翅翅芽间的背板面积缩，前翅芽遮盖后翅芽，后翅芽不外露。

危害特点：若虫吸食寄主植物嫩芽养分和水分，造成植株生长不良，不易展叶，以致枯萎脱落。

2.14 角蝉科 *Membracidae*

2.14.1 白胸三刺角蝉 *Tricentrus allabens*

寄主：杨树。

鉴别特征：

成虫：体长约6mm，肩角间宽约2.2mm，上肩角间宽约2.8mm，黑色。头部黑色，复眼大，半球形，黄褐色。单眼浅黄色，大而明显，位于复眼中心连线上方，彼此间距离大于到复眼距离，前胸斜面宽大于高，中央凸圆，在中脊近前缘有缺刻；胝黑色，有光泽。肩角发达，三角形，端部钝。上肩角伸向侧上方，顶端尖，后弯，其长小于两基间距离，背腹有脊。后突起纤细，直，具3条脊，顶端尖，伸过前翅臀角；中部红褐色。小盾片两侧外露。前翅淡褐色，基部黑色，具刻点和毛；后翅白色透明。足黄褐色，后足转节内侧具弱齿。胸部两侧具白毛斑，胸腹部腹面黑色，被白色细毛。

白胸三刺角蝉（成虫）

危害特点：成虫、若虫刺吸枝叶的汁液，导致树势衰弱。

2.14.2 黑圆角蝉 *Gargara genistae*

寄主：桑树。

鉴别特征：

成虫：体长约7mm，翅展约21mm，黄绿色，顶短，向前略突，侧缘脊状褐色。额长大于宽，有中脊，侧缘脊状带褐色。喙粗短，伸至中足基节。唇基色略深。复眼黑褐色，单眼黄色。前胸背板短，前缘中部呈弧形前突达复眼前沿，后缘弧形凹入，背板上具2条褐色纵带；中胸背板长，

黑圆角蝉（成虫）

上具 3 条平行纵脊及 2 条淡褐色纵带。腹部浅黄褐色，覆白粉。前翅宽阔，外缘平直，翊脉黄色，脉纹密布似网纹，红色细纹绕过顶角经外缘伸至后缘爪片末端。后翅灰白色，翅脉淡黄褐色。足胫节、跗节色略深。静息时，翅常纵叠成屋脊状。

若虫：老熟若虫体长约 8mm，长形，扁平，腹末截形，绿色，全身覆以白色棉絮状蜡粉，腹末附白色长的绵状蜡丝。

危害特点：成虫、若虫刺吸枝叶的汁液，导致树势衰弱。

2.15 叶蝉科 *Cicadellidae*

2.15.1 大青叶蝉 *Cicadella viridis*

寄主：加拿大一枝黄花、槐树。

鉴别特征：

成虫：体长 8 ~ 10mm，草绿色。头顶（触角窝上方、两眼之间）具 1 对黑斑，复眼三角形、绿色。前胸背板及小盾片淡黄绿色。前翅深绿色，四周黄色，末端透明；翅反面、后翅、腹部背面黑色，腹下后部和足为黄褐色。

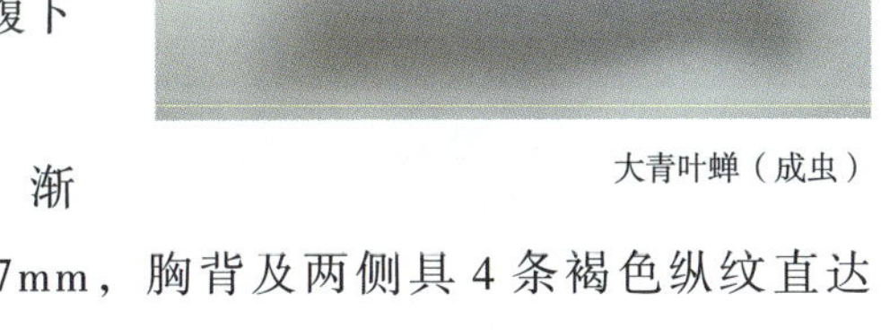

大青叶蝉（成虫）

若虫：初孵时白色，复眼红色，渐变为淡黄褐色。老熟若虫体长 6 ~ 7mm，胸背及两侧具 4 条褐色纵纹直达腹端。

危害特点：成虫、若虫刺吸寄主植物嫩绿的枝梢、茎叶、汁液，不仅影响植株正常生长发育，削弱树势，而且雌成虫产卵时用产卵器割开寄主表皮而造成伤痕，又能诱发其他枝干害虫和病害发生，在为害过程中还会传带一些病毒病，为害严重时可使幼苗、幼嫩枝条枯死。

2.15.2 小绿叶蝉 *Empoasca flavescens*

寄主：十字花科植物、桃、杏、李、樱桃、梅、葡萄等。

鉴别特征：

成虫：体长 3.3 ~ 3.7mm，淡黄绿至绿色，复眼灰褐至深褐色，无单眼，触角刚毛状，末端黑色。前胸背板、小盾片浅鲜绿色，常具白色斑点。前翅半透明，略呈革质，淡黄白色，周缘具淡绿色细边。后翅透明膜质，各足胫节端部以下淡青绿色，爪褐色；跗节 3 节；后足跳跃足。腹部背板色较腹板深，末端淡青绿色。头背面略短，向前突，喙微褐，基部绿色。

若虫：共 5 龄，黄绿色，形状与成虫相似，无翅。

小绿叶蝉（成虫）

危害特点：以成虫、若虫在叶片背面刺吸汁液为主。桃树现蕾萌芽时，为害嫩叶、花萼和花瓣，形成半透明斑点；落花后，集中危害叶片，轻者叶片出现分散的失绿小白点，重者全叶变成苍白色，引起早期落叶，严重影响树势发育和花芽形成，甚至出现当年二次开花，次年减产。

2.15.3 一点木叶蝉 *Phlogotettix cyclops*

寄主：禾本科植物。

鉴别特征：

成虫：体长约4.9mm，淡黄褐色。头部淡黄褐色，头冠后缘中央具1处黑色圆纹，圆纹四周较淡。复眼黑褐色，单眼黄褐色，位于头冠前侧缘。颜面黄褐色，微隆起，两侧颊区各具1个黑斑。触角黄褐色。前胸背板黄褐色，前缘具不规则淡黄色斑块。小盾片黄褐色，横刻痕褐色，且前具2个黑色小点。前翅黄褐色，半透明，翅脉较深；两爪脉端部各具1个黑褐色斑点。胸部腹板及足淡黄色，胫节上具黑色斑点。

一点木叶蝉（成虫）

一点木叶蝉（若虫）

危害特点：以成虫、若虫在叶片背面刺吸汁液为主。

2.16 蛾蜡蝉科 *Flatidae*

碧蛾蜡蝉（成虫）

2.16.1 碧蛾蜡蝉 *Geisha distinctissima*

寄主：枫香、香樟、柑橘、榆、梅、桃、梨等。

鉴别特征：

成虫：体长约7mm，翅展约21mm。体青绿色或黄绿色。前翅周缘具红褐色细边，翅脉色深。体被白色蜡粉。

危害特点：成虫、若虫刺吸汁液，并分泌蜜露，引起煤污病。若虫在爬行时，会在叶片及枝条上残留大量蜡絮，影响植物光合作用的进行。成虫产卵于枝上，形成纵向刻痕，造成翌年抽梢率降低。

2.16.2 褐缘蛾蜡蝉 *Salurnis marginella*

寄主：柑橘、茶、油茶、木荷、女贞等。

鉴别特征：

成虫：体长约7mm。头部黄赭色，顶极短，略呈圆锥状突出，中突具1条褐色纵带。触角深褐色，端节膨大，前胸背片较长，约为头长的2倍；前缘褐色向前突出于复眼之间，后缘略凹陷呈弧形。中胸背片发达，左右各具2条弯曲侧脊，具4条红褐色纵带，其余部分为绿色。腹部侧扁灰黄绿色，被白色蜡粉。前翅绿色或黄绿色，边缘褐色；在爪片端部具1个显著的马蹄形褐斑，斑中央灰褐色；网关脉纹明显隆起。后翅缘白色，边缘完整。前、中足褐色，后足绿色。

褐缘蛾蜡蝉（成虫）

若虫：淡黄绿色，胸腹覆盖白绵状蜡质，腹末有长毛状蜡丝。

危害特点：成虫、若虫吸食汁液，若虫并分泌白色絮状蜡质物污染寄主植物的枝、叶。

2.17 蜡蝉科 *Fulgoridae*

2.17.1 斑衣蜡蝉 *Lycorma delicatula*

寄主：臭椿、香椿、葡萄、海棠、桃、杏、李、花椒、香樟、刺槐、苦楝、楸、榆、青桐、悬铃木、枫、栎、女贞、合欢、杨、黄杨、麻等。

鉴别特征：

成虫：雄虫体长 14 ~ 17mm，翅展 40 ~ 52mm；雌虫体长 18 ~ 22mm，翅展 50 ~ 52mm。体隆起，头部小，头顶前方与额连接处呈锐角。前翅长卵形，基部 2/3 淡褐色，上布 10 ~ 20 个黑色斑点，端部 1/3 黑色，脉纹白色；后翅扇形，膜质。基部一半红色，具 6 ~ 7 个黑斑，翅中具倒三角形的白色区，翅端部和脉纹均为黑色。

斑衣蜡蝉（成虫）

斑衣蜡蝉（成虫和若虫）

若虫：共 4 龄，老熟若虫长约 13mm，体背淡红色，头部尖角、两侧及复眼基部均为黑色，足黑色有白色斑点，翅芽明显。

危害特点：以成虫、若虫刺吸枝和叶片的汁液为主。幼嫩叶片被害后，叶面有淡黄色的坏死斑点，随着叶片的生长造成叶片穿孔、破裂；枝条被害后，会逐渐变黑。其排泄物落在叶片、枝条或果实表面像刚喷过水，有亮斑，夏季易招真菌寄生，发霉变黑，严重影响叶片的光合作用，降低果品质量。

2.18 广翅蜡蝉科 *Ricaniidae*

2.18.1 八点广翅蜡蝉 *Ricania speculum*

寄主：桃、桂、柳、梅、迎春、玫瑰、樟树、乌桕等。

鉴别特征：

八点广翅蜡蝉（成虫）

成虫：体长 6 ~ 7.5mm，翅展 16 ~ 18mm。头、胸部黑褐至烟黑色。腹部褐色，前翅褐色至烟褐色，前缘近端部 2/3 处具 1 块半圆形透明斑，翅外缘具 2 块透明大斑，翅中部有深褐色斑 2 块，斑外有白色细边。

若虫：体长 5 ~ 6mm，宽 3.5mm ~ 4mm，体略呈钝菱形，翅芽处最宽，暗黄褐色，布有深浅不同的斑纹，若虫低龄为乳白色，近羽化时部分个体背部出现褐色斑纹，体疏被白色蜡粉，外貌整体呈灰白色，腹部末端具 4 束白色绵毛状蜡丝，呈扇状伸出，中间 1 对长约 7mm，两侧长约 6mm，平时腹端上弯，蜡丝覆于体背以保护身体，常作孔雀开屏状，向上直立或伸向后方。

危害特点：被危害的植物枝梢表皮发黑、皱缩，严重时干枯。

2.18.2 柿广翅蜡蝉 *Ricania sublimbata*

寄主：香樟、杜英、柿、含笑、桃、李等。

柿广翅蜡蝉（成虫和若虫）

鉴别特征：

柿广翅蜡蝉（若虫）

成虫：体长 8.5~10mm，翅展 24 ~ 36mm。头胸背面黑褐色，腹面深褐色。头、胸及前翅表面多被绿色蜡粉。前翅前缘、外缘深褐色，向中域和后缘色渐变，前缘外方 1/3 处稍凹入，此处具 1 个三角形至半圆形淡黄褐色斑；后翅深褐色，半透明。

若虫：1 龄期若虫体色呈淡黄绿色，胸部背板上具 1 条淡色中纵脊，腹末具 4 个无色透明泌腺孔，蜡丝白色上翘，可将腹部覆盖。3 龄若虫体色呈淡绿色，泌腺孔淡紫色，中后胸背板中纵脊两侧各具 1 个黑点，蜡丝丛可将全身覆盖。5 龄若虫体色呈淡黄色，前、中胸背板中纵脊两侧各具 1 个黑点，后胸背板上因翅芽覆盖仅可见 2 个黑点（4 龄若虫有 4 个黑点），蜡丝丛淡黄色间有紫色斑。

危害特点：成虫、若虫刺吸植物汁液，受害叶片萎缩脱落，枝梢生长停滞直至枯死，同时还导致煤污病和流胶病。成虫在枝梢和叶脉等处用产卵器刺破组织形成产卵刻痕也对寄主造成危害，产卵刻痕严重阻碍枝条水分和营养物质输送，造成抽梢发叶困难和枯梢，导致整株树势衰退。

2.18.3 透明疏广翅蜡蝉 *Euricania clara*

寄主：香樟、乌桕、桃花、海棠、白蜡、喜树、杜英、桂花、无患子、广玉兰、海桐、桃、李、绣球、梧桐。

鉴别特征：

透明疏广翅蜡蝉（成虫）

成虫：体长约 5mm，栗褐色。中胸盾片黑褐色，前翅透明，略带黄褐色，翅脉均为褐色，前缘有褐色宽带，前缘宽带上近中部具 1 个黄褐色斑，外缘与后缘具褐色细线；后翅无色透明，翅脉褐色，翅脉边缘具褐色细线。后足胫节外侧具刺 2 根。

危害特点：若虫刺吸嫩枝梢，成虫产卵于寄主小枝一侧，造成伤口，影响枝条生长，但一般不造成枯枝。

2.19 蝉科 *Cicadidae*

2.19.1 黑蚱蝉 *Cryptotympana atrata*

寄主：悬铃木、杨、柳、樱花、水杉、乌桕、苦楝、榆、枫杨、广玉兰等多种林木。

鉴别特征：

成虫：体长 38 ~ 48mm，翅展 115 ~ 125mm，漆黑色，具光泽，被金色绒毛。中胸背板宽大，中央有黄褐色“X”形隆起。前翅前缘淡黄褐色，基部 1/3 黑色；后翅基部 2/5 黑色，翅脉淡黄色兼暗黑色。

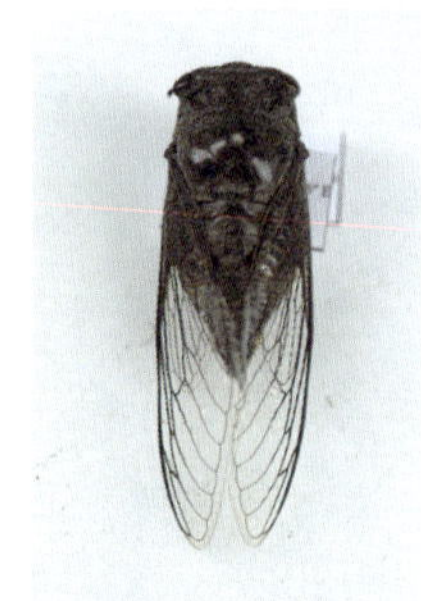
黑蚱蝉（成虫）

若虫：长约 35mm，黄白色，后变为黄色，老熟时变为黄褐色，形态略似成虫，翅芽发育完好，前足为开掘足。

危害特点：雌成虫将卵产于 1 ~ 2 年生枝条组织内，深达木质部，使水分、养分输送受阻，导致落果和枝条枯死。另外，成虫吸取柑橘幼嫩枝梢汁液，使枝梢凋萎或转绿迟缓。若虫在土中吸食根部汁液，影响柑橘树生产，使树势衰弱。

2.19.2 蟪蛄 *Platypleura kaempferi*

寄主：杨、柳、泡桐、悬铃木、海棠、石榴、女贞、苦楝、栾树、樱花、桃、柑橘等。

鉴别特征：

成虫：体长 20 ~ 25mm，前翅长 27 ~ 30mm，密被银白色短毛。头冠明显窄于前胸背板，头、前胸及中胸背板黄褐色。复眼间横带、单眼区、顶侧区短纵纹及复眼内缘黑色。喙管较长，明显超过后足基节，前胸背板中纵带及两侧斑纹、斜沟黑色，中胸背板前缘中央伸出4个圆锥形黑斑，内侧1对短小，外侧1对较大。前翅基半部不透明，具淡褐色或灰褐色斑纹及斑点，后翅外缘无色透明，其余深褐色，不透明。胸部及腹部腹面被白色蜡粉。

蟪蛄（成虫）

若虫：长18～22mm，黄褐色。

危害特点：雌虫产卵导致枝条枯死，若虫刺吸寄主植物根部，破坏营养吸收与输导，受害枝条外表有连续的锯齿状伤痕，内部输导组织受损，引起受害处以上梢枯死和其上的果实脱落。

2.19.3 蒙古寒蝉 *Meimuna mongolica*

寄主：杨、桃、柳等。

鉴别特征：

成虫：体长33～38mm，翅展110～120mm，暗绿色，具黑斑纹，局部被白色蜡粉。复眼暗褐色，单眼红色，排列于头顶呈三角形。前胸背板近梯形，后侧角扩张成叶状，宽于头部和中胸基部，背板具5个长形瘤状隆起，横列。中胸背板前半部中央，具1处“W”形凹纹。翅透明，翅脉黄褐色；前翅横脉上具暗褐色斑点。喙长超过后足基节，端达第1腹节。

蒙古寒蝉（成虫）

若虫：体长30～3mm，黄褐色。额膨大明显，触角和喙发达，前胸背板、中胸背板均较大，翅芽伸达第3腹节。

危害特点：以若虫刺吸寄主根部为主。

2.19.4 竹蝉 *Platylomia pieli*

寄主：毛竹。

鉴别特征：

竹蝉（成虫）

成虫：体长 38 ~ 50mm，雄虫略大；翅长过腹，长 48 ~ 59mm，雌虫略长。体赭绿兼褐色，腹部黑褐色，体被白粉及金黄色细短毛，以腹部为多。雄虫发音器发达。

若虫：体长 29 ~ 37mm，棕褐色。初孵若虫长 1.8 ~ 2.3mm，乳白色，前足开掘齿部分略呈红色。老熟若虫复眼乳白色，额、体密生棕色刚毛，足开掘部分黑色。

危害特点：以若虫危害为主。若虫生活于土中，刺吸毛竹鞭根汁液，消耗母竹营养。受害竹林竹叶稀疏发黄，枯枝增多，似生理衰退状，致出笋成竹数量和质量降低。

3 鳞翅目 *Lepidoptera*

3.1 眼蝶科 *Satyridae*

3.1.1 稻眼蝶 *Mycalesis gotoma*

寄主：竹类植物。

鉴别特征：

成虫：体长 14.6 ~ 16.5mm，翅展 39 ~ 47.7mm。体背及翅正面灰褐色至暗褐色，腹面及翅反面灰黄色。前翅正反面均具 2 个蛇目状白圈白心黑色圆斑，近翅尖小，近臀角大；后翅反面具 6 ~ 7 个蛇目斑，近臀角 1 个特大。前后翅反面中央从前缘至后缘横贯 1 条黄白色带纹，外缘具 3 条暗褐色线纹。

稻眼蝶（成虫）

幼虫：老熟幼虫体长约 30mm，青绿色，头部褐色，头顶具 1 对角状突起，形似猫头。胸腹部各节散布微小疣突，尾端具 1 对角状突起，全体略呈纺锤形。

危害特点：初孵幼虫取食寄主叶片成缺刻，3 龄后食量大增，严重时可以将寄主叶片吃光。

3.1.2 蒙链荫眼蝶 *Neope muirheadi*

寄主：慈孝竹等。

鉴别特征：

成虫：体长 18 ~ 23mm，翅展 60 ~ 70mm，翅面灰褐色。前翅外缘具 3 ~ 4 个黑色斑；后翅具 4 ~ 5 个黑斑。翅反面从前翅 1/3 处直到后翅臀角具 1 条棕色和白色并行的横带。前翅外缘具 3 ~ 4 个眼斑，后翅具 7 个眼斑，臀角处 2 个相连。

蒙链荫眼蝶（成虫）

蒙链荫眼蝶（成虫）腹面

危害特点：幼虫取食寄主叶片，造成叶片缺刻。

3.1.3 拟稻眉眼蝶 *Mycalesis francisca*

寄主：禾本科植物、莎草科植物等。

鉴别特征：

拟稻眉眼蝶（成虫）

成虫：体小型至中型，颜色暗而不鲜艳，常以灰褐、黑褐色为基调，饰有黑、白斑纹。翅上有较醒目的眼状斑或圆纹，少数没有或不明显。头小，复眼周围有长毛，下唇须直长，侧扁，生密毛；触角端部逐渐加粗，但不明显；前足退化，收缩不用，爪全退化。前翅呈圆三角形，后翅近圆形，外缘圆或波状，两翅反面近亚外缘常具多数眼状的环形斑纹。

危害特点：幼虫取食寄主叶片，造成叶片缺刻。

3.2 蛱蝶科 *Nymphalidae*

3.2.1 茶褐樟蛱蝶 *Charaxes bernardus*

寄主：香樟、天竺桂等。

鉴别特征：

成虫：雌虫体长 23 ~ 30mm，体背、翅红棕色，反面棕褐色。前翅外缘及前缘外半部带黑色，中室外具白色大斑；后翅亚外缘有黑带，自前向后渐窄，具 2 个尾突。

茶褐樟蛱蝶（成虫）

茶褐樟蛱蝶（幼虫）

幼虫：体长 33 ~ 62mm，老熟幼虫体色深绿色，头部后缘凸起浅紫褐色锄型枝刺，第 3 腹节背中央具 1 块菱形淡黄色斑块。

危害特点：以幼虫取食寄主叶片为主。

3.2.2 大红蛱蝶 *Vanessa indica*

寄主：榆树、榉树等。

鉴别特征：

成虫：体长约 20mm，翅展约 60mm，翅黑褐色。外缘波状。前翅 M1 脉外伸成角状，顶角具白色小点，亚顶角斜列 4 个白斑，中央具 1 条宽红带，斜向后缘；后翅暗褐色，外缘红色，内具 1 列黑斑。

大红蛱蝶（成虫）

幼虫：体色暗，背上有纵条纹，不同个体体色变化大，有缀叶取食的习性。

危害特点：幼虫吐丝卷叶，食害幼苗嫩叶，破坏生长点或卷食叶片致植株生长缓慢。

3.2.3 二尾蛱蝶 *Polyura narcaea*

寄主：山槐、黄檀等。

鉴别特征：

成虫：分春型和夏型。春型虫体较大，体长约25mm，翅展约70mm。体背有黑色茸毛，头顶具4个金黄色茸毛圆斑，排成方形。翅绿色，前翅前缘黑色，外缘和亚缘带黑色，两缘线之间为绿色带，中室横脉纹黑色，中室下脉具1处黑色棒状纹，向外延伸接近亚外缘带；后翅外缘黑色，在近后角处向外延伸形成2个尾突，亚外缘带黑色，伸至后角，后角区为焦黄色。夏型虫体略小，体长约20mm，翅展约60mm。体翅色泽及斑纹与春型虫相似。其区别为外缘与亚外缘带之间形成1列绿色回斑，中室下脉的棒状纹与亚外缘带相接，翅基至中室横脉处全为灰黑色；后翅自翅基伸出淡黑色宽带逐渐变细直至后角。

二尾蛱蝶（成虫）

幼虫：老熟幼虫体长35 ~ 48mm，绿色，各节有细褶皱，褶间布满淡黄色斑点。头绿色，两侧色淡黄，头顶有3对刺状突起，中间1对极短、褐色，两侧的2对绿色。尾角1对，三角形，淡黄色。

危害特点：以幼虫取食寄主叶片为主。

3.2.4 斐豹蛱蝶 *Argyreus hyperbius*

寄主：榆、木槿、柳、慈孝竹等。

鉴别特征：

成虫：雌雄异型。雄蝶翅橙黄色，后翅外缘黑色、具蓝白色细弧纹，翅面有黑色圆斑，后翅面外缘黑斑带内具蓝白色细纹，反面亚缘带内侧具5个灰白色瞳点的眼斑，中室黄绿色斑中心灰白色，眼斑外围具黑线。雌蝶前翅端半部紫黑色，其中具1条白色斜带。

斐豹蛱蝶（成虫）背面

斐豹蛱蝶（成虫）腹面

幼虫：头部呈黑色，体呈黑色，中间具1条橙色带状纹。头上具4根水平的黑色刺，腹部刺尖端呈粉红色，尾部刺则呈粉红色而尖端黑色。

危害特点：以幼虫取食寄主叶片为主。

3.2.5 黑脉蛱蝶 *Hestina assimilis*

寄主：朴树、榆树等。

鉴别特征：

成虫：翅黑色，布满青白色斑纹，后翅亚外缘后半部具4～5个红色斑纹，有些红斑内有黑点；外缘后半部微向内凹，雄蝶尤为明显。翅反面的斑纹、色彩同正面。

黑脉蛱蝶（成虫）

幼虫：体型圆柱形。臀足欠发达，并具叉锥状尾棘。1龄幼虫体淡黄绿色，全身布满白色细长棘毛，棘毛基部具灰黑色小肉刺。头灰褐色，较身体粗大，且具白色棘毛。2龄幼虫体嫩绿色，密布白色棘毛。3龄幼虫体明显增粗，体绿色，白色棘毛变短。棘刺颜色变深，其上小棘突黑褐色。4龄幼虫体绿色，背部略带淡红色，体表白色棘毛进一步缩短。越冬幼虫体色绿色，身体纺锤形。

危害特点：以幼虫在寄主叶片背面取食为主。

3.2.6 黄钩蛱蝶 *Polygonia caureum*

寄主：柑橘、扶桑、榆、柳等。

鉴别特征：

成虫：体长约18mm，翅展45～61mm。前翅中室内具3个黑褐斑；后翅中室基部有1个黑点；前翅后角和后翅外端的黑斑上具蓝色鳞片，翅外缘角突尖锐，秋型尤甚。

黄钩蛱蝶（成虫）

幼虫：老熟细虫大部分体长约35mm，头、足漆黑色，具光泽。头上两短枝刺与体上枝刺均为深黄色，但也有的个体胸侧部枝刺黑色；爪深黄色；体暗褐色，各节具明显乳白色细横纹。

危害特点：以幼虫取食寄主叶片为主。

3.2.7 琉璃蛱蝶 *Kaniska canacae*

寄主：竹类植物、杜鹃、百合科植物等。

鉴别特征：

成虫：翅正面黑色，前翅外缘顶角至M1脉端突出，Cu2脉端至后角突出，亚顶端部有1个白斑，两翅外中区贯穿1条蓝色宽带，带在前翅呈“Y”状，在后翅具1列黑点，后翅外缘M3脉端突出呈齿状。

琉璃蛱蝶（成虫）

危害特点：以幼虫取食寄主叶片为主。

3.2.8 柳紫闪蛱蝶 *Apatura ilia*

寄主：柳、杨。

鉴别特征：

成虫：体长 18 ~ 20mm，翅展 67 ~ 70mm。翅脉黑褐色，雄蝶具紫色闪光。前翅顶角。中室外和下方分别具 2 个、5 个和 3 个白斑，中室内具 4 个黑点；后翅外缘和亚外缘各有 1 列小白斑，臀角具 1 处眼纹，中带白色。

柳紫闪蛱蝶（成虫）

幼虫：体绿色，头部具 1 对白色角状突起，端部分叉。

危害特点：卵单产于叶片背部，刚孵化的幼虫啃食自己的卵壳，以高龄幼虫危害最大，严重时叶片被吃光，仅残有叶柄。

3.2.9 猫蛱蝶 *Timelaea maculata*

寄主：朴树等。

鉴别特征：

成虫：翅展 44 ~ 51mm；翅橘黄色，密布黑色斑纹。前翅中室内具 6 个黑斑；基部黑斑斜形，中室内 2 个黑斑，上方 3 个黑斑。

猫蛱蝶（成虫）

危害特点：以幼虫取食寄主叶片为主。

3.3 粉蝶科 *Pieridae*

3.3.1 暗脉菜粉蝶 *Pieris napi*

寄主：风花菜等。

鉴别特征：

成虫：翅展 40 ~ 50mm。雄蝶前翅乳白色；前缘黑褐色；顶角黑斑窄而被脉纹分割：M3 室的黑斑不发达或消失：Cu2 室无黑斑。后翅前缘外方具 1 个三角形黑斑。前翅反面的顶角淡黄色，Cu2 室有明显的黑斑，其余同正面。后翅反面淡黄色，基角处具 1 个橙色斑点，脉纹暗褐色明显，通常比黑纹粉蝶粗。雌蝶翅基部淡黑褐色，黑色斑及后缘末端的条纹扩大，正面的脉纹明显，其余同雄蝶。夏型雌蝶顶角斑缩小，后翅翅面暗色脉纹加粗。

暗脉菜粉蝶（成虫）

危害特点：以幼虫取食寄主叶片为主。

3.3.2 斑缘豆粉蝶 *Colias erate*

寄主：刺槐、金银花。

鉴别特征：

成虫：体长约 20mm，翅展 38 ~ 53mm。雄虫翅黄色。前翅顶角具黑斑，其中杂有黄斑，近前缘中央具 1 个黑斑；后翅外缘具成列黑斑，中室端具 1 个橙黄色圆斑；前后翅反面均橙黄色，后翅圆斑银色，周围褐色。

斑缘豆粉蝶（成虫）

危害特点：以幼虫取食寄主叶片为主。

3.3.3 宽边黄粉蝶 *Eurema hecabe*

寄主：合欢、胡枝子、松等。

鉴别特征：

成虫：翅深黄色至黄色。前翅外缘具宽黑色带，直到后角，界限清晰，黑色带内侧凹凸不平，雄蝶色深，中室下脉两侧有长形斑；后翅外缘黑色带窄且界限模糊，

宽边黄粉蝶（成虫）

或有脉端斑点，翅反面满布褐色小点；前翅中室内具 2 个斑纹，后翅因外缘略突出呈不规则圆弧形。

幼虫：老熟幼虫体长 28 ~ 33.4mm，墨绿色，头浅绿色，有深绿色网纹。气门线灰白色，气门线下淡黑色，第 6 腹节亚背线处具 1 个淡黄色肾形斑。

危害特点：以幼虫取食寄主叶片为主。

3.4 凤蝶科 *Papilionidae*

3.4.1 碧凤蝶 *Papilio bianor*

寄主：柑橘、花椒等。

鉴别特征：

成虫：翅呈三角形，后翅外缘波状，体翅黑色。前翅端半部色淡，翅脉间多散布金黄色或金蓝色或金绿色鳞片，后翅亚外缘具 6 个粉红色或蓝色飞鸟形斑，翅中域特别是近前缘形成大片蓝色区。翅反面前翅亚外缘区具 1 条很宽的灰白色或白色带。后翅基半部散布无色鳞片。在亚外缘区有不太明显的淡黄或绿色的斑纹。臀角具 1 ~ 2 个环形斑纹，红斑的内侧镶有白边。

碧凤蝶（成虫）

幼虫：共 5 龄。1 龄至 4 龄幼虫状如鸟粪。1 龄幼虫，体长 1 ~ 2mm，灰黄色，数小时后变为灰黑色，头端具 2 条棘，尾端具两长两短 4 条棘。体背有 4 列短棘。2 龄幼虫，体长 3 ~ 3.5mm，背面灰黄色，腹面灰色，头端 2 条棘，尾端 4 条棘，虫体中部具 1 条白色条纹。3 龄幼虫，体长 5 ~ 10mm，青黄色，前端膨大，具两短棘，尾端具 4 条棘，体表具疣，表面光亮，中部具 1 条白色条纹。4 龄幼虫，体长 1.8 ~ 2.7cm，灰绿色到绿色，体表具疣，虫体中部具白色条纹。5 龄幼虫，体长 3 ~ 5.2cm，初为黄绿色，后转为暗绿色，腹面白色，体侧具 4 条黑色斜纹，前端具黑色曲线状条纹，体表光滑，前后端具两短棘。

危害特点：以幼虫危害寄主植物为主，初孵幼虫取食嫩叶，3 龄幼虫取食老幼叶只剩下叶脉，老熟幼虫在叶片背面吐丝化蛹，使叶片卷曲，严重影响植物光合作用。

3.4.2 长尾麝凤蝶 *Byasa impediens*

寄主：马兜铃属植物。

鉴别特征：

成虫：翅展 86 ~ 95mm。翅黑色或黑褐色，前翅脉纹两侧灰色或黄褐色。后翅外缘波状，具大弯月形红色斑，臀斑变形，尾突长。翅反面前翅色淡，后翅色变深而红色斑更明显，有的臀缘比正面增加 1 个红斑。

长尾麝凤蝶（成虫）

幼虫：1 龄幼虫头部黑褐色有光泽，上生黑毛。前胸背板骨化，具 1 对短突起。突起的末端圆形具黑毛。臭角黄色。体色暗紫褐色，前胸颜色稍淡，第 8 节以后泛淡黄橙色。亚背线上的突起在中胸至第 2 腹节为红褐色，第 3、4、7 腹节为白色，第 5、6 腹节为红褐色，第 8、9 腹节为黄色，在其他体节上则与体色同色。老熟幼虫体色紫黑色，有规则灰色斑纹。突起暗紫色，末端红色而狭窄。

危害特点：以幼虫取食寄主叶片为主。

3.4.3 柑橘凤蝶 *Papilio xuthus*

寄主：柑橘、佛手、柚、金橘等。

鉴别特征：

成虫：体长约 27mm，翅展约 91mm。翅绿色，沿脉纹有黑色带，臀脉上黑带分叉；外缘黑带宽，其外缘嵌具 8 块绿黄色新月斑，中室端具 2 块黑斑，基部具 4 ~ 5 条黑色纵纹。后翅黑带中嵌具 6 块绿黄

柑橘凤蝶（成虫）

色新月斑，其内方具蓝色斑列，臀角处具 1 块橙黄色圆斑，斑内具黑点；中脉第 3 支向外延伸呈燕尾状。

危害特点：以幼虫取食寄主叶片为主。

3.4.4 金凤蝶 *Papilio machaon*

寄主：伞形花科植物。

鉴别特征：

金凤蝶（成虫）

成虫：翅展 90 ~ 120mm。体黑色或黑褐色，胸背具 2 条“八”字形黑带。翅黑褐色至黑色，斑纹黄色或黄白色。前翅基部 1/3 被黄色鳞片；中室端半部具 2 个横斑；中后区具 1 纵列斑，从近前缘开始向后缘排列，除第 3 斑及最后 1 斑外，大致是逐斑递增大；外缘区具 1 列小斑。后翅基半部被脉纹分隔的各斑占据，亚外缘区具不十分明显的蓝斑，亚臀角具红色圆斑，外缘区具月牙形斑；外缘波状，尾突长短不一。翅反面基本被黄色斑占据，蓝色斑比正面清楚。

幼虫：幼龄时黑色，有白斑，形似鸟粪。老熟幼虫体长约 50mm，长圆桶形，但后胸及第 1 腹节略粗。体表光滑无毛，淡黄绿色，各节中部具 1 条宽阔黑色带。后胸节及第 1—8 腹节上的黑条纹具 6 个间距略等的橙红色圆点，色泽鲜艳醒目。

危害特点：以幼虫取食寄主叶片为主。

3.4.5 蓝凤蝶 *Papilio protenor*

寄主：花椒、柑橘等。

鉴别特征：

蓝凤蝶（成虫）

成虫：翅展 95 ~ 120mm。翅黑色，具靛蓝色天鹅绒光泽。雄虫后翅正面前缘具黄白色斑纹，臀角具外围红环的黑斑；后翅反面外缘具数块弧形红斑，臀角具 3 块红斑。雌虫后翅正面臀角外围具1块带红环的黑斑及1块弧形红斑；后翅反面与雄蝶同。

危害特点：以幼虫取食寄主叶片为主。

3.4.6 麝凤蝶 *Byasa alcinous*

寄主：合欢、臭牡丹、接骨草等。

鉴别特征：

成虫：翅展82～86mm，双翼狭窄，尾突修长，腹胸侧及头部生有红色茸毛。雄蝶翅黑色或黑褐色，前翅中室具4条深黑色纵条纹，翅脉间具深黑色纵条纹，后翅沿前后缘具7个略呈新月形的红斑。雌蝶较雄蝶大，体灰褐色，斑纹与雄蝶相似，仅后翅红斑较大，色较淡。

麝凤蝶（成虫）

幼虫：共5龄，具斑纹并长有肉棘，肉棘上具刚毛或柔毛。1龄幼虫棕黄色；2龄幼虫肉红色；3龄幼虫棕红色；4龄幼虫暗红色；5龄幼虫暗红色。

危害特点：以幼虫取食寄主叶片为主。

3.4.7 丝带凤蝶 *Sericinus montelus*

寄主：凌霄、青木香等。

鉴别特征：

成虫：翅淡黄色。雄虫前翅前缘黑色，外缘具狭窄黑带，中域具间断黑横带，中室端部、中部和基部各具1条黑斑；后翅外缘脉端具黑点，臀角具1块横的不规则大黑斑，内具3～4个小蓝斑和1个横的红斑。雌虫前翅外缘、亚外缘各具1条黑色横带，中域黑色横带间断，中室具3个大黑斑和2个小黑斑，后缘有2个大黑斑；后翅外缘边黑色，外缘和亚外缘各具1条黑色横带，外缘

丝带凤蝶（成虫）

横带嵌有蓝斑，亚外缘横带前方为红色横带，翅基半部具2条斜行不规则暗带纹，尾突细长。

危害特点：以幼虫取食寄主叶片为主。

3.4.8　碎斑青凤蝶 *Graphium chironides*

寄主：番荔枝科植物、樟科植物。

鉴别特征：

碎斑青凤蝶（成虫）

成虫：翅展65～75mm。体背面黑色，腹面淡白色。翅黑褐色，斑纹淡绿色或浅黄色；前翅中室具5个斑纹排成1列；亚顶角具2个斑点；亚外缘区具1列小斑；中区具1列斑从前缘伸到后缘，从前到后除第2斑外逐斑递长，最后1斑最长。后翅基半部具5～6个大小不同的纵斑；亚外缘区具1列点状斑；外缘波状而直。翅反面棕褐色，前翅斑纹淡绿色与正面相似。后翅亚外缘的斑列加宽，其内侧具5个黄色斑纹；基部2～3个斑呈淡黄色。其余与正面相似。

幼虫：初孵幼虫头褐色，体黑色，具肉刺，每根肉刺上具4根小刺。前中后胸背面两侧各具1对较大的刺，臀足明显。1至4龄幼虫体色为褐色或黄褐色，5龄幼虫为草绿色或深绿色。前胸至后胸身体逐渐增大，以后胸最大，后逐渐减小至腹末最小；幼虫胸部两侧背腹交界处各具1对刺状突起。

危害特点：以幼虫取食寄主叶片为主。

3.4.9　玉带凤蝶 *Papilio polytes*

玉带凤蝶（成虫）

寄主：柑橘、樟、金橘、柚、佛手、柠檬、花椒、杜鹃等。

鉴别特征：

成虫：体长25～28mm，翅展95～100mm，黑色。胸部背具10个小白点，呈 2 纵列。胸前翅外缘具 7 ~ 9 个黄白色斑点，后翅外缘呈波浪形，有尾突，翅中部具 7 个黄白色斑，横贯全翅似玉带。雌虫有二型：黄斑型和赤斑型。黄斑型与雄相似，后翅近外缘处具数个半月形深红色小斑点，或在臀角具 1 处深红色眼状纹；赤斑型前翅外缘无斑纹，后翅外缘内侧具 6 个横列的深红黄色半月形斑，中部具 4 个大形黄白斑。

幼虫：共 5 龄，老熟幼虫体长约 45mm，头黄褐，体绿至深绿色，前胸具 1 对紫红色臭腺角。后胸肥大与第 1 腹节愈合，后胸前缘具 1 条齿形黑色横纹，中间具 4 个灰紫色斑，两侧具黑色眼斑；第 2 腹节前缘具 1 条黑色横带；第 4、5 腹节两侧各具 1 条黑褐色斜带，带上有黄、绿、紫、灰色斑点；第 6 腹节两侧各具 1 处斜形花纹。1 龄幼虫黄白色；2 龄幼虫黄褐色；3 龄幼虫黑褐色。

危害特点：以幼虫取食寄主叶片。

3.4.10 樟青凤蝶 *Graphium sarpedon*

寄主：樟、肉桂、柑橘、含笑、桂、月桂。

樟青凤蝶（卵）

樟青凤蝶（蛹）

樟青凤蝶（幼虫）

鉴别特征：

成虫：体长 16 ~ 24mm，翅展 58 ~ 83mm，黑色。翅底黑色，前后翅中央贯穿 1 列略呈方形的蓝色斑，后翅外缘具 1 列绿蓝色新月斑；翅基密生灰白色长毛，近基部具 2 个小红斑。

卵：卵径与高均约 1.3mm，球形，底面浅凹，乳黄色，表面光滑，具强光泽。

樟青凤蝶（成虫）

幼虫：1龄幼虫头部与身体均呈暗褐色，但末端白色。其后随幼虫成长而色渐淡，至4龄时全体底色已转为绿色。胸部每节各具1对圆锥形突，初龄时淡褐色；2龄时呈蓝黑色而有金属光泽；到末龄时中胸的突起变小而后胸的突起变为肉瘤，中央出现淡褐色纹，体上出现1条黄色横线与之相连。气门淡褐色；臭角淡黄色。即将化蛹时体色为淡绿色半透明。

蛹：体长约33mm。体色有绿、褐两型。中胸中央具1前伸的剑状突；背部有纵向棱线，由头顶的剑状突起向后延伸分为3支，2支向体侧呈弧形到达尾端，另1支向背中央伸至后胸前缘时又二分，呈弧形走向尾端。绿色型蛹的棱线呈黄色，使蛹体似樟树的叶片。

危害特点：以幼虫取食寄主叶片为主。

3.5 弄蝶科 *Hesperiidae*

3.5.1 白弄蝶 *Abraximorpha davidii*

寄主：蔷薇科植物。

鉴别特征：

成虫：翅展40～45mm。前翅三角形，外形横长。后翅水滴形，近三角形。雌虫翅形较为宽圆。成蝶翅表底色为白色，布满灰绿色斑纹。

白弄蝶（成虫）

幼虫：老熟幼虫体长27～30mm，体黄绿色，长圆筒状，腹部末端稍微变细，前胸即与头部连接处明显缩隘形成颈部。头部黑褐色，表面密布白色细小绒毛。

危害特点：以幼虫取食寄主叶片为主。

3.5.2 玉带弄蝶 *Daimio tethys*

寄主：薯蓣科植物。

鉴别特征：

成虫：翅展 25 ~ 41mm。翅面黑色，斑纹和缘毛均为白色。前翅顶角处具 3 个斑纹，其下侧具 2 个极小的斑点，中域具 5 个大小不等的白斑排列。雌雄差异不大。

玉带弄蝶（成虫）

危害特点：以幼虫取食寄主叶片为主。

3.6 喙蝶科 *Libytheidae*

3.6.1 朴喙蝶 *Libythea celtis*

寄主：朴树。

鉴别特征：

成虫：翅展 41 ~ 49mm，翅咖啡色。前翅中室具 1 条黄色纵带，纵带前下方具 1 个近圆形黄斑，近顶角处具 2 个或 3 个白斑。前翅顶角向外突出，在 M3 脉端呈钩状。后翅外缘锯齿状，翅中央具 1 条黄色纵带。雄虫前足密布长毛，雌虫前足无毛。

幼虫：绿色，气门上线为黄色，气门线为白色。

朴喙蝶（成虫）

危害特点：以幼虫取食寄主叶片为主。

3.7 灰蝶科 *Lycaenidae*

3.7.1 琉璃灰蝶 *Celastrina argiolus*

寄主：刺槐、胡枝子、蚕豆等。

鉴别特征：

成虫：翅展 22 ~ 30mm，体、翅蓝灰色，缘毛白色，脉端黑色，前翅尤为明显。翅反面白色，翅外缘具 3 列黑斑，后翅黑斑分布不规则。雄虫前后翅具窄的黑色外缘，雌虫黑色外缘宽。

琉璃灰蝶（成虫）

幼虫：老熟幼虫黄绿至淡灰绿色，表面散生稀疏的灰白色刺毛。

危害特点：以幼虫取食寄主叶片为主。

3.7.2 酢浆灰蝶 *Pseudozizeeria maha*

寄主：酢浆草科植物、爵床科植物。

鉴别特征：

成虫：翅展 22 ~ 30mm。雌虫翅正面暗褐色，翅基有黑色鳞片；雄虫翅面淡蓝色，外缘黑色区较宽。反面翅边缘有较规则眼点，中央部位眼点分布不规则，眼上有微毛。

酢浆灰蝶（成虫）

幼虫：体短而扁，呈蛞蝓状。头部小，暗红色，略呈半扁圆球形。1 龄幼虫体淡黄色，外表棘毛白色，较长；2 龄幼虫体灰绿色，体节密布不规则黑色斑点；3 龄幼虫体绿色，体表斑点较少，棘毛灰色且短而多；4 龄幼虫体绿色，身体较为肥硕。

危害特点：以幼虫取食寄主叶片为主。

3.8 珍蝶科 *Acraeidae*

3.8.1 苎麻珍蝶 *Acraea issoria*

寄主：荨麻、苎麻、茶树。

鉴别特征：

苎麻珍蝶（成虫）

成虫：体长 16 ~ 26mm，翅展 53 ~ 70mm。体翅棕黄色，前翅前缘、外缘灰褐色，外缘内有灰褐色锯齿状纹，外缘具黄色斑 7 ~ 9 个，后翅外缘生灰褐色锯齿状纹，具 8 个三角形棕黄色斑。雄蝶前翅中室端具 1 条横纹，雌虫端纹内外各具 1 条横纹，后缘具 1 个孤立的黑斑。后翅背面外缘三角形斑内侧具 1 条褐红色窄带。

幼虫：老熟幼虫体长 30 ~ 35mm，头部黄色，具金黄色“八”字形蜕裂线，单眼、口器黑褐色。前胸盾板、臀板褐色，前胸背面生枝刺 2 根，中胸、后胸各 4 根，腹部第 1—8 节各 6 根，末端 2 节各 2 根。枝刺紫黑色，基部蜡黄色。各体节黄白色。

危害特点：以幼虫取食寄主叶片为主。

3.9 钩蛾科 *Drepanidae*

洋麻圆钩蛾（成虫）

3.9.1 洋麻圆钩蛾 *Cyclidia substigmaria*

寄主：洋麻。

鉴别特征：

成虫：翅展 54 ~ 76mm，头黑色，胸部白色，腹部褐白色，各节间色略浅；翅白色，具浅灰色斑纹，从前翅顶角到后缘中部成一斜线，斜线外侧色浅，内侧色深，斜线外侧有时有两层波浪纹，在顶角内侧与前缘处具深色三角形斑，斑内具白色纹，中室处具 1 个灰白色肾形斑；后翅中室端各具 1 个黑褐色圆斑。

危害特点：以幼虫取食寄主叶片为主。

3.10 燕蛾科 *Uraniidae*

3.10.1 斜线燕蛾 *Acropteris iphiata*

寄主：枫香、紫叶李、朴树等。

鉴别特征：

成虫：翅展 25 ~ 32mm，白色，具棕褐色或褐色斜纹，斜纹可分为 5 组，前后翅相通，中间为 1 条斜白带相隔，斜白带前方浓褐色，中室全被覆盖。前翅顶角处具 1 个黄斑。

斜线燕蛾（成虫）

危害特点：以幼虫取食寄主叶片为主。

3.11 刺蛾科 *Limacodidae*

3.11.1 白眉刺蛾 *Narosa nigrigna*

寄主：核桃、枣、柿、杏、桃、苹果、杨、柳、榆、桑等。

鉴别特征：

成虫：体长 5.6 ~ 7.6mm，翅展 9 ~ 18mm，体白色，腹胸背面掺有褐色，前翅具数块模糊的黑斑。翅缘毛较长，褐色，基部具相间黑点，缘毛端浅褐色。

外缘线较宽，内布黑色点刻，内缘具锯齿状纹，近前缘黑色。亚基线在中央呈不规则弯曲，其中5枚呈乳头状外突较清晰。触角丝状，浅黄褐色。头、胸部密被柔毛，胸背上毛很长，有3簇，特别是肩片的伸达第2腹节。前足具短鳞毛，中足密被鳞毛。

白眉刺蛾（幼虫）

幼虫：老熟幼虫体长约7mm，椭圆形，绿色。体背部隆起呈龟甲状。头褐色，很小，缩于胸前，体无明显刺毛，体背面有2条黄绿色纵带纹，纹上分布有小红点。

危害特点：幼虫取食叶片，低龄幼虫啃食叶肉，稍大可造成缺刻或孔洞。

3.11.2 扁刺蛾 *Thosea sinensis*

扁刺蛾（幼虫）

寄主：乌桕、栀子、海棠、喜树、苦楝、枫、杨、樟、桑、悬铃木、枣、榆、柳、紫荆、桂、枫香、女贞、杜仲、杜英、红叶李、梧桐、栾树、国槐、白蜡等。

鉴别特征：

成虫：体长14 ~ 17.5mm，翅展26 ~

34mm。体暗灰褐色，腹面及足的颜色更深。前翅灰褐色，稍带紫色，中室前方具 1 条暗褐色斜纹，自前缘近顶角处向后缘斜伸。雄蛾中室上角具 1 个黑点。后翅暗灰褐色。

幼虫：老熟幼虫体长 19 ~ 25mm，扁平、长椭圆形，背部稍隆起，形似龟甲。淡鲜绿色。背部有白色背线贯穿头尾，两侧有橘红色小点，北侧各节枝刺不发达，体侧枝刺发达。

危害特点：以幼虫取食叶片为主，发生严重时，可将寄主叶片吃光，造成严重减产。

3.11.3 褐边绿刺蛾 *Parasa consocia*

寄主：梨、柳、青桐、香樟、海棠、枫杨、白蜡、重阳木、乌桕、喜树、柿、紫荆、杨、五角枫、刺槐、栀子、无患子、红叶李、珊瑚树、榆、月季、石榴、月桂、泡桐、枫香、柑橘等。

褐边绿刺蛾（幼虫）

鉴别特征：

成虫：体长 12 ~ 17mm，翅展 28 ~ 40mm。头和胸部绿色，复眼黑色。胸部中央具 1 条暗褐色背线。前翅大部分绿色，基部暗褐色，外缘部灰黄色，其上散布暗紫色鳞片，内缘线和翅脉暗紫色，外缘线暗褐色。腹部和后翅灰黄色。

幼虫：老熟幼虫体长约 25mm，略呈长方形，圆柱状。初孵化时黄色，长大后变为绿色。头黄色，甚小，常缩在前胸内。前胸盾上具 2 个横列黑斑，腹部背线蓝色。胴部第 2 至末节每节具 4 个毛瘤，其上生 1 丛刚毛，第 4 节背面的 1 对毛瘤上各具 3 ~ 6 根红色刺毛，腹部末端的 4 个毛瘤上生蓝黑色刚毛丛，呈球状；背线绿色，两侧具深蓝色点。腹面浅绿色。胸足小，无腹足，第 1—7 节腹面中部各具 1 个扁圆形吸盘。

危害特点：幼虫孵化后，低龄期有群集性，并只咬食叶肉，残留膜状的表皮；大龄幼虫逐渐分散为害，从叶片边缘咬食成缺刻甚至吃光全叶。

3.11.4 黄刺蛾 *Monema flavescens*

寄主：鸡爪槭、红枫、苦楝、重阳木、杜仲、红叶李、杨、柳、枫杨、石榴、悬铃木、白蜡、乌桕、樱花、枣、三角枫、桃、紫荆、香樟、喜树、柿、枫香、海棠、枇杷、柑橘、紫薇、珊瑚树、青桐、桂、栾树等。

黄刺蛾（茧）

鉴别特征：

成虫：体长 13 ~ 17mm，翅展约 35mm。头、胸部黄色。前翅具 2 条暗褐色斜线，会合于翅尖，呈倒“V”形，内半部黄色，外半部褐色，褐色区中央有 1 条深褐色线；后翅灰黄色，偶可见黑型成虫。

黄刺蛾（幼虫）

幼虫：老熟幼虫体长 19 ~ 25mm，头部黄褐色，小；胸、腹部黄绿色，肥大；体背具1个紫褐色“哑铃”状大斑；每个体节具4个枝刺，以后胸和腹部第1、7节上较大。

茧：椭圆形，质坚硬，黑褐色，有灰白水规则纵条纹，极似雀卵。

危害特点：幼虫可将叶片吃成很多孔洞、缺刻或仅留叶柄、主脉，严重影响树势和果实产量。

3.11.5 迹斑绿刺蛾 *Latoia pastoralis*

寄主：樟、悬铃木、柑橘、樱花、重阳木、槭树等。

鉴别特征：

成虫：体长15～19mm，翅展28～42mm。头、胸和前翅翠绿色，前翅基角淡黄色，其外具深褐色晕圈，向外扩散。外缘具浅褐色宽带。带内缘波纹状。后翅淡黄色，前后翅外缘和鳞毛紫褐色。腹背棕绿色，腹部淡黄色。

迹斑绿刺蛾（茧）

幼虫：老熟幼虫长24～25.5mm，近圆筒形，体翠绿色，头红褐色，背线紫色，两侧带黑色边。自中胸至第9腹节每节背侧具短枝刺，上生绿色刺毛，腹部第1节枝刺发达，上生黑色粗刺及红色刺毛。腹部第8、9节腹侧枝刺基部具黑色绒球状毛丛。腹部两侧具6对近方形线框。

迹斑绿刺蛾（成虫）

蛹：体长14～18.5mm，卵圆形，棕褐色。

茧：长18.5～20.5mm，椭圆形，深棕褐色，上附黑色毒毛。

危害特点：幼虫啮食和蚕食树叶，影响生长和观赏，且其幼虫、茧外附有毒毛，能刺激皮肤，有碍健康。

3.11.6 丽绿刺蛾 *Parasa lepida*

寄主：悬铃木、珊瑚树、榆、香樟、乌桕、朴、柳、榉、枫杨、杨、石榴、樱花、海棠、月季、紫薇、枫香、桂、无患子、喜树等。

鉴别特征：

成虫：体长 14 ~ 18mm，翅展 27 ~ 43mm。头顶、胸背绿色。胸背中央具 1 条褐色纵纹向后延伸至腹背，腹部背面黄褐色。前翅绿色，肩角处具 1 个深褐色尖刀形基斑，外缘具深棕色宽带；后翅浅黄色，外缘带褐色。前足基部生 1 个绿色圆斑。

丽绿刺蛾（幼虫）

幼虫：老熟幼虫体长约 25mm，粉绿色。背面稍白，背中央具 3 条紫色或暗绿色带，亚背区、亚侧区上各具 1 列带短刺的瘤，前面和后面的瘤呈红色。

危害特点：幼虫食害叶片，低龄幼虫取食表皮或叶肉，致叶片呈半透明枯黄色斑块。高龄幼虫食叶呈较平直缺刻，严重的把叶片吃至只剩叶脉，甚至叶脉全无。

3.11.7 桑褐刺蛾 *Setora postornata*

寄主：悬铃木、珊瑚树、香樟、乌桕、重阳木、榆、臭椿、杨、柳、桃、梨、樱花、木槿、桂、槭树、枣、泡桐、紫薇、紫荆、枫香、青枫、喜树、柑橘、石榴、桑、海棠、水杉、银杏、葡萄、苦楝、女贞、栀子、无患子、红叶李、白玉兰等。

鉴别特征：

成虫：体长 15 ~ 19.5mm，翅展 35 ~ 45mm。体褐色至深褐色。前翅前缘离翅基 2/3 处向基角和臀角各伸出 1 条深色横线，呈“八”字形，两线间色较淡。前翅臀角处具 1 个近三角形古铜色大斑，后翅褐色。

桑褐刺蛾（幼虫）

幼虫：老熟幼虫体长 23 ~ 35mm，体黄绿色，背中线天蓝色。各节具4个黑点，排列近梭形。亚背线各节具1对枝刺，亚背线分黄色型和红色型：黄色型枝刺黄色，红色型枝刺紫红色。

危害特点：幼虫取食叶肉，仅残留表皮和叶脉。

3.12 尺蛾科 *Geometridae*

3.12.1 茶尺蠖 *Ectropis obliqua hyputina*

寄主：茶、石榴、山核桃、忍冬、钩樟、水杉等。

鉴别特征：

成虫：体长9～12mm，翅展20～30mm。体灰白色。翅面稀疏的被有茶褐色鳞片。前翅具4条黑褐色的波状弯曲横线，外缘有7个小黑点；后翅有2条横线，外缘有5个小黑点。

茶尺蠖（成虫）

幼虫：初孵幼虫黑色，体上具小白点，老熟幼虫体长26～30mm，头黄褐色，体灰褐色。第2腹节背面具1个“八”字形黑色纹。第3、4腹节背面有菱形黑斑，第8腹节背面具1个倒“八”字形黑色纹。

危害特点：初孵幼虫经半日后停息在嫩叶上取食。1龄幼虫仅咬食芽叶上表皮和叶肉，致叶面成褐色点状凹斑；2龄幼虫则从嫩叶边缘向里咬食形成缺刻；3龄后食量大增，往往连叶脉、叶柄一并食尽。喜栖在叶片边缘，咬食嫩叶边缘呈网状半透膜斑；后期幼虫常将叶片咬食成较大而光滑的“C”形缺刻。

3.12.2 丝绵木金星尺蛾 *Calospilos suspecta*

寄主：丝棉木、大叶黄杨、卫矛、榆、扶芳藤。

鉴别特征：

成虫：雌虫体长 12 ~ 19mm，翅展 34 ~ 44mm。翅底色银白，具淡灰色及黄褐色斑纹，前翅外缘具 1 行连续的淡灰色纹，外横线成 1 行淡灰色斑，上端分叉，下端具 1 个红褐色大斑。中横线不成行，中室端部具 1 个大灰斑，斑中具 1 个圈形斑，翅基具 1 个深黄、褐、灰三色相间花斑。后翅外缘具 1 行连续的淡灰斑，外横线成 1 行较宽的淡灰斑，中横线具断续的小灰斑。前后翅平展时，后翅上的斑纹与前翅斑纹相连接，似由前翅的斑纹延伸而来。前后翅反面的斑纹同正面，唯无黄褐色斑纹。腹部金黄色，具 9 行由黑斑组成的条纹，后足胫节内侧无丛毛。雄虫体长 10 ~ 13mm，翅展 32 ~ 38mm；翅上斑纹同雄虫，腹部亦为金黄色，具 7 行由黑斑组成的条纹，后足胫节内侧具 1 丛黄毛。

丝绵木金星尺蛾（成虫）

幼虫：老熟幼虫体长 28 ~ 32mm，体黑色，刚毛黄褐色，头部黑色。前胸背板黄色，具 3 个黑色斑点，中间的为三角形。胸部及腹部第 6 节以后的各节具黄色横条纹。胸足黑色，基部淡黄色。

危害特点：以幼虫取食叶片为主，常暴发成灾，短期内将叶片全部吃光。

3.12.3 大造桥虫 *Ascotis selenaria*

寄主：国槐、悬铃木、水杉、杜鹃、木槿、榆、银杏、香樟、栎、珊瑚树、大叶黄杨、栀子、无患子等。

鉴别特征：

成虫：体长 15 ~ 20mm，翅展 26 ~ 48mm。体淡灰褐色。头部棕褐色，下唇须灰褐色，复眼黑褐色，雌虫触角线状，雄虫触角双

大造桥虫（成虫）

栉齿状。胸部背面两侧披灰白色长毛，各节背面具1对较小的黑褐色斑。前后翅均为灰褐色，内外横线及亚外缘线均具黑褐色波状纹，内外横线间近翅的前缘处具1个灰白色斑，其周缘为灰黑色，翅反面为明显的黑褐色斑。

幼虫：共6龄，老熟幼虫体长38 ~ 55mm，1龄幼虫体黄白色，具黑白相间纵纹。低龄幼虫体多灰绿色，第2腹节两侧各具1个黑色斑。老熟后多为青白色、灰黄色或黄绿色。

危害特点：国槐的叶片的主要害虫，取食国槐叶片，食量大、暴发性强。短期内可将整株树的叶片吃光。然后抽丝下垂借风力转到其他树上为害，对树木的生产和环境美化影响很大，也对过往行人造成极大的影响。

3.12.4 国槐尺蛾 *Semiothisa cinerearia*

寄主：池杉、国槐、刺槐、龙爪槐。

鉴别特征：

成虫：翅展38 ~ 43mm，体黄褐色，触角丝状，复眼圆形，灰色。前翅具3条明显的波状横纹，亚基线及中横线深褐色，亚外缘线黑褐色，近顶角外具1个长方形褐色斑纹，后翅亚基线不明显，中横线及亚外缘呈弧形，中室外缘具1个黑色小点。前足短，中、后足稍长。

国槐尺蛾（成虫）

幼虫：老熟幼虫体长20 ~ 40mm，淡绿色。胸节背面各具8个黑褐色圆形毛片，幼虫有两型，一型2 ~ 5龄体均为绿色，另一型各体节侧面有黑褐色条状或圆形斑块，老熟幼虫体背呈紫红色。

危害特点：主要为害国槐、龙爪槐，有时也为害刺槐。以幼虫食叶片，严重时可使植株死亡。

3.12.5 黑条眼尺蛾 *Problepsis diazoma*

寄主：香樟、桂花。

鉴别特征：

黑条眼尺蛾（成虫）

成虫：前翅长 20 ~ 23mm。头顶白色。前翅前缘灰色带较宽；眼斑圆形，斑内具白色条状中点，斑下为 1 条模糊灰影状带，无银鳞；后翅眼斑近椭圆形，有时两侧缘略凹，有完整银圈；其下方小斑色深但边缘模糊，具少量银鳞；前后翅外线和其外侧灰色云纹特别强壮，深灰色；缘线深灰色；缘毛灰色，在翅脉端色稍浅。翅反面斑纹强壮，前翅眼斑内侧在中室下缘以上几乎全部为深灰褐色，前后翅眼斑、外线和云状纹均为深灰褐色，前翅眼斑带灰黑色。

危害特点：以幼虫取食寄主叶片为主。

3.12.6 拟柿星尺蛾 *Percnia albinigrata*

寄主：枫香。

鉴别特征：

拟柿星尺蛾（成虫）

成虫：雄虫前翅长 24 ~ 27mm，雌虫 25 ~ 29mm。触角线形，具致密短纤毛。下唇须、额和头顶前半部黑色，额下缘白色，头顶后半部和胸腹部背面灰白色排列黑斑。翅白至灰白色，前翅前缘浅灰色。斑点黑色，中点远大于其他斑点。翅反面颜色、斑点同正面。

危害特点：以幼虫取食寄主叶片为主。

3.12.7 桑尺蠖 *Menophra atrilineata*

寄主：桑树。

鉴别特征：

成虫：体长 13 ~ 15mm，翅展 34 ~ 42mm。虫体和翅枯焦色。前翅外缘钝锯齿形，灰褐色。亚端线褐色波纹状，自顶角斜向后延伸至后缘中部；内线自前缘中部波状延伸向翅基部；两线之间区域颜色较浅。

桑尺蠖（成虫）

幼虫：初孵时为水绿色，后渐变成灰褐色体，背散生黑色小点。

危害特点：越冬幼虫在早春桑芽萌动时，常将桑芽内部吃空仅留苞片，严重时或将整株桑芽吃光。当该害虫密集发生时，能导致桑芽枯竭，枝条干枯，部分枝条或整株不发芽枯死，造成春叶减产。桑尺蠖初孵幼虫具有群集性，往往先群集叶背取食下表皮及绿色组织，3 龄后再分散沿叶缘向内啃食成大缺刻或将全叶吃光，并排粪污染桑叶。

3.12.8 桑褶翅尺蛾 *Zamacra excavata*

寄主：苹果、梨、核桃、桑、榆、刺槐等。

鉴别特征：

成虫：雌虫体长 14 ~ 15mm，翅展 40 ~ 50mm。体灰褐色。头部及胸部多毛。触角丝状。翅面有赤色和白色斑纹。前翅内、外横线外侧各具 1 条不明显的褐色横线，后翅基部及端部灰褐色，近翅基部为灰白色，中部具 1 条明显的灰褐色横线。静止时四翅皱叠竖起。后足胫节具 2 对距。尾部具 2 毛簇。雄虫体长 12 ~ 14mm，翅展约 38mm。全身体色较雌虫略暗，触角羽毛状。腹部瘦，末端有成撮毛丛。

桑褶翅尺蛾（成虫）

幼虫：老熟幼虫体长 30 ~ 35mm，黄绿色。头褐色，两侧色稍淡；前胸侧面黄色，腹部第1—8节背部具赭黄色刺突，第2—4节上的明显较长，第5腹节背部具1对褐绿色刺，腹部第2—5节各节两侧各具1个淡绿色刺；胸足淡绿，端部深褐色；腹部绿色，端部褐色。

危害特点：幼虫食叶成缺刻和孔洞，严重时仅留主脉。

3.12.9 柿星尺蛾 *Percnia giraffata*

寄主：柿、苹果、梨、核桃、李、杏、酸枣、杨、柳、榆、桑等。

鉴别特征：

成虫：体长约25mm，翅展约75mm，雄蛾体较小，头部黄色，具4个小黑斑，前、后翅均白色，且密布许多黑褐色斑点，以外缘部分较密。复眼及触角黑褐色。触角丝状，前胸背板黄色，具1个近方形黑色斑纹。腹部金黄色，具不规则黑色横纹；背面具灰褐色斑纹。后足2对距。

柿星尺蛾（成虫）

幼虫：初孵幼虫体长约2mm，褐色，胸部稍膨大，老熟幼虫体长约55mm，头部黄褐色且较发亮，布有许多白色颗粒状突起；背面暗褐色，两侧具黄色宽带，上具黑色曲线。体粗大，上具1对椭圆形的黑色线纹。臀板黄色。

危害特点：幼虫为害柿树的叶片，发生较严重时，将整个叶片食光，影响果树的光合作用，造成果树减产。

3.12.10 油桐尺蛾 *Buzura suppressaria*

寄主：油桐、茶、乌桕、柿、枣、槐、水杉等。

鉴别特征：

成虫：体长约23mm，翅展约65mm。体翅灰白，翅上密布黑色小点。胸部密被灰色细毛。翅基片及腹部各节后缘生黄色

油桐尺蛾（成虫）

鳞片。前翅外缘为波状缺刻，基线、中横线和亚外缘线为黄褐色波状纹。

幼虫：老熟幼虫体长 56 ~ 65mm。初孵幼虫长约 2mm，灰褐色，背线、气门线白色。体色随环境变化，有深褐、灰绿、青绿色。头密布棕色颗粒状小点，头顶中央凹陷，两侧具角状突起。前胸背面具 2 个突起，腹面灰绿色。

危害特点：幼虫食性较广，主要危害油桐等经济林。

3.12.11 樟三角尺蛾 *Trigonoptila latimarginaria*

寄主：香樟。

鉴别特征：

成虫：翅展 40 ~ 50mm。体灰黄色。前、后翅各具 1 条斜线，由翅后缘向外伸出，形成三角形的一条边。前翅基角具 1 个卵形浅斑，中室下方由内横线至斜线间具 1 个粉红色三角斑；后翅斜线内侧粉褐色，外侧褐黄色，顶角凹缺。

幼虫：老熟幼虫体长 65 ~ 73mm。黄褐色，体上散生小黑点：第 1 腹节两侧各具 1 三角形浅褐色纹。

樟三角尺蛾（成虫）

危害特点：以幼虫取食香樟叶片为主。

3.12.12 樟翠尺蛾 *Thalassodes quadraria*

寄主：香樟。

鉴别特征：

成虫：体长 12 ~ 14mm，翅展 33 ~ 36mm。头灰黄色，复眼黑色，触角灰黄色。胸、腹部背面翠绿色，两侧及腹面灰白色。翅翠绿色，布满白色细碎纹。前翅前缘灰黄色，前、后翅各具 2 条白色细横线，较直，缘毛灰黄色。翅反面灰白色。前足、中足胫节红褐色，其余灰白色；后足灰白色。

樟翠尺蛾（成虫）

幼虫：老熟幼虫体长 27 ~ 29mm，头大，腹末稍尖。头黄绿色，头顶两侧呈角状隆起，头顶后缘具 1 个“八”字形沟纹，额区凹陷。腹部末端尖锐，似锥状。气门淡黄色，胸足、腹足黄绿色。

危害特点：1 龄幼虫、2 龄幼虫食量甚微，常在叶面啃食叶肉，留下叶脉和下表皮；3 龄幼虫食叶成孔洞或缺刻；4 龄幼虫后食量增大，从叶缘开始取食；5 龄幼虫取食全叶，仅留叶柄和主脉，影响寄主植物生长。

3.13 舟蛾科 *Notodontidae*

3.13.1 栎掌舟蛾 *Phalera assimilis*

寄主：栗、栎、榆、杨等。

鉴别特征：

成虫：雄虫体长 18 ~ 23mm，翅展 40 ~ 50mm；雌虫体长 20 ~ 27mm，翅展 50 ~ 60mm。头顶淡黄褐色。胸部茶褐色，腹部黄褐色，前翅浅银灰色，有银色光泽，翅基及外缘呈褐色；顶角斑肾形，黄色，中室有 1 个小环纹。

幼虫：体长约 55mm，头红色至黑色，身体暗红色，老熟时黑色。体被较密的白色至黄褐色长毛。体上有 8 条橙红色纵线，各体节又有 1 条橙红色横带。

栎掌舟蛾（幼虫）

胸足3对，腹足俱全。

危害特点：以幼虫取食栗树等寄主植物叶片，把叶片食成缺刻状，严重时将叶片吃光，残留叶柄。

3.13.2 仁扇舟蛾 *Clostera restitura*

寄主：杨树、柳树。

鉴别特征：

仁扇舟蛾（成虫）

成虫：体灰褐至暗灰褐色；头顶到胸背中央黑棕色。前翅灰褐至暗灰褐色，顶角斑扇形，红褐色；3条灰白色横线具暗边；中室下内外线之间具1个斜三角形影状斑；外线在M2脉前稍弯曲；亚端线由1列脉间黑色点组成，波浪形，在Cu1脉呈直角弯曲，Cu1脉以前其内侧衬1条波浪形暗褐色带；端线细，不清晰；横脉纹圆形，暗褐色，中央具1条灰白线，把圆斑横切成两半。后翅黑褐色。雄虫腹部较瘦弱，尾部具 1 丛长毛。

幼虫：老熟幼虫体长 28 ~ 32mm，圆筒形；头灰色，具黑色斑点；体灰色至淡红褐色，被淡黄色毛，胸部两侧毛较长；中、后胸背部各具 2 个白色瘤状突起；第 1、8 腹节背面各具 1 个杏黄色大瘤，瘤上着生 2 个小的馒头状突起，瘤后具 2 个黑色小毛瘤；第 1 腹节的两侧各具 1 个大黑瘤；第 2、3 腹节背部各具 2 个黑色瘤状突起，其他腹部各节具 1 对白色突起。

仁扇舟蛾（幼虫）

危害特点：以幼虫取食树木叶片为主，老熟幼虫在树干处，分泌粘物，将咬碎的树皮粘合成椭圆形硬茧壳。严重时常把树叶吃光，影响植株生长。该虫是杨树的主要食叶害虫之一。

3.13.3 锈玫舟蛾 *Rosama ornato*

寄主：胡枝子。

鉴别特征：

成虫：体长 15 ~ 16mm；翅展 31.5 ~ 36mm。下唇须、头部和胸部背面锈红褐色；颈灰白色；后胸背面具 2 个白点。腹部背面淡灰褐色，臀毛簇端部锈红褐色。前翅锈红褐色；前缘灰白色，从基部向外逐渐缩小伸达翅顶，下面衬有 1 条灰褐色影状纵带。后翅苍灰褐色。

锈玫舟蛾（幼虫）

幼虫：老熟幼虫体长约 22mm，叶绿色，光滑。头部颅侧区具 2 条白色斜带，带外黑色；由胸部向末端逐渐变粗，第 8 腹节背面呈钝峰形隆起，由此向后变尖；背线为 1 条黄白色带，中央具 1 条绿色细线；腹部第 1—6 节每节具 1 条白色斜带，前端与背线相接，后端伸到后一节的中央；第 7 腹节以后背面绿色。

危害特点：以幼虫取食寄主叶片。

3.13.4 杨二尾舟蛾 *Cerura menciana*

寄主：杨树、柳树。

鉴别特征：

成虫：体长 28 ~ 30mm，翅展 75 ~ 80mm，灰白色。胸背面具 6 个黑点排列成 2 列。腹背面第 1—6 节中央具灰白色纵带，两侧各具 1 个黑点，末端 2 节灰白色，两侧黑色，中央具 4 条黑纵线，前翅灰色，基部具 2 个黑点，其外具若干黑点，再外具 1 个环状黑斑，最外侧具数排锯齿状波纹；外缘具 8 个黑点排列，中室内具 1 个环状黑斑与前缘环状斑并列，中室端具新月形黑环纹，后翅白色，中室处具黑纹，外缘 7 个黑点排列。

杨二尾舟蛾（幼虫）

幼虫：1 龄幼虫黑色，2 龄以后青绿色。老熟幼虫体长 48 ~ 53mm，头赤褐色，两颊具黑斑。前缘背板大而尖硬，粉绿色，后胸背面具直立三角形肉瘤，第 4 腹节侧板靠近后缘具 1 条白色条纹，从粉红色亚背线向下延伸至腹足基部。体末端具 2 个可以伸缩的褐色尾角。

危害特点：以幼虫取食树木叶片为主，老熟幼虫常将树叉处咬碎作茧化蛹。严重时常把树叶吃光，影响植株生长。

3.13.5 杨扇舟蛾 *Clostera anachoreta*

寄主：杨树、柳树。

鉴别特征：

成虫：体长 13 ~ 20mm，翅展 28 ~ 42mm。体灰褐色。头顶具 1 个椭圆形黑斑。臀毛簇末端暗褐色。前翅灰褐色，扇形，具 4 条灰白色横带，前翅顶角处具 1 个暗褐色三角形大斑，顶角斑下方具 1 个黑色圆点。外线前半段横过顶角斑，呈斜伸的双齿形，外衬 2 ~ 3 个黄褐带锈红色斑点。亚端线由 1 列脉间黑点组成。后翅灰白色，中间具 1 条横线。

幼虫：老熟幼虫体长 35 ~ 40 毫米。头黑褐色。全身密披灰黄色长毛，身体

杨扇舟蛾（成虫）

杨扇舟蛾（幼虫）

灰赭褐色，背面带淡黄绿色，每个体节两侧各有 4 个赭色小毛瘤，环形排列，其上有长毛，两侧各具 1 个较大黑瘤，上生 1 束白色细毛。第 1、8 腹节背面中央有一大枣红色瘤，两侧各伴有一个白点。

危害特点：幼虫取食杨树、柳树的叶片，严重时把树叶吃光，影响树木生长。1 龄幼虫、2 龄幼虫仅啃食叶的下表皮，残留上表皮和叶脉；2 龄以后吐丝缀叶，形成大的虫苞，白天隐伏其中，夜晚取食；3 龄以后可将全叶食尽，仅剩叶柄。传播途径主要靠成虫飞翔，沿公路林扩散较快。幼虫吐丝下垂，可随风在近距离传播。由于幼虫繁殖快、数量多、分布广，大发生时极易成灾。该虫是杨树的主要食叶寄生虫之一。

3.13.6 杨小舟蛾 *Micromelalopha troglodyta*

寄主：杨树。

鉴别特征：

成虫：体长 11 ~ 14mm，翅展 24 ~ 26mm。体色变化较多，有黄褐、红褐和暗褐等色。前翅具 3 条带暗边的灰白色横线，内横线似 1 对小括号“（ ）”，中横线像“八”字形，外横线呈倒“八”字的波浪形。横脉为 1 个小黑点。后翅臀角具 1 个褐色或红褐色小斑。

幼虫：老熟幼虫体长 21 ~ 23mm，体色变化大，呈灰褐色、灰绿色，微具紫色光泽，体侧各具 1 条黄色纵带，体上生有不显著肉瘤，以腹部第 1、8 节背面的较大。

杨小舟蛾（成虫）

杨小舟蛾（幼虫）

危害特点：以幼虫啃食叶片为主，幼虫有群集性，常群集为害，将叶片食光，仅留下叶表皮及叶脉。老熟幼虫吐丝缀叶化蛹，影响植株叶片光合作用。该虫是杨树的主要食叶害虫之一。

3.13.7 榆掌舟蛾 *Phalera fuscescens*

寄主：榆、杨、樱花、梨、樱桃、麻栎和板栗。

鉴别特征：

成虫：体长约30mm，翅展约50mm，头顶淡黄色；胸部前半部黄褐色，后半部灰白色，具2条暗红褐色横纹；腹背黄褐色；前翅灰褐色，带银白色光泽，顶角具1个较大的掌形淡黄色斑，近臀角处具1个暗褐色斑。

榆掌舟蛾（幼虫）

幼虫：老熟幼虫体长约55mm，深褐色；头部黑褐色，体被黄褐色细长毛；体背纵贯多条橙褐色条纹，各体节中央具1条红色环带。

危害特点：幼虫取食榆树叶片，严重时常将叶片蚕食一光，影响树木正常生长与绿化效果。

3.14 夜蛾科 *Noctuidae*

3.14.1 斜纹夜蛾 *Spodoptera litura*

寄主：十字花科植物。

鉴别特征：

成虫：体长14 ~ 20mm，翅展35 ~ 40mm。体暗褐色。胸部背面具白色丛毛。成虫前翅灰褐色，内横线和外横线灰白色，呈波浪形，有白色条纹，环状纹不明显，肾状纹前部呈白色，后部呈黑色，环状纹和肾状纹之间具3条白线组成的明显的较宽斜纹，自翅基部向外缘具1条白纹。后翅白色，外缘暗褐色。

斜纹夜蛾（成虫）

幼虫：体长33 ~ 50mm，老熟幼虫体长约50mm。头部黑褐色，体色多变，一般为暗褐色，也有土黄、褐绿至黑褐色的，背线呈橙黄色，在亚背线内侧各节具1个近半月形或似三角形的黑斑。

危害特点：主要以幼虫为害，幼虫食性杂，且食量大，初孵幼虫在叶背为害，取食叶肉，仅留上表皮呈透明斑；幼龄时群集叶背啃食。3龄后分散为害叶片、嫩茎；4龄后进入暴食期；老龄幼虫可蛀食果实。其食性既杂又为害各器官，是一种危害性极大的害虫。

3.14.2 梨剑纹夜蛾 *Acronicta rumicis*

寄主： 苹果、桃、梨等。

鉴别特征：

梨剑纹夜蛾（成虫）

成虫：体长约14mm，翅展32～46mm。头部及胸部棕灰色杂黑白毛；额棕灰色，具1条黑色条纹。跗节黑色间以淡褐色环。腹部背面浅灰色带棕褐色，基部毛簇微带黑色。前翅暗棕色间以白色，基线为1条黑色短粗条纹，末端曲向内线，内线为双线黑色波曲，环纹灰褐色黑边，肾纹淡褐色，半月形，具1条黑色条纹从前缘脉达肾纹，外线双线黑色，锯齿形，在中脉处具1处白色新月形纹，亚端线白色，端线白色，外侧具1列三角形黑斑，缘毛白褐色；后翅棕黄色，边缘较暗，缘毛白褐色。

梨剑纹夜蛾（幼虫）

幼虫：体长约30mm，黑褐色，背线为黄白色刻点及黑斑1列，亚背线具1列白点，气门上线灰褐色，气门下线紫红色间有黄斑，腹面紫褐色，腹部第1、8节背面隆起，气门筛白色，围气门片黑色，各节具1簇黑褐色短毛丛，胸足、腹足黄褐色。

危害特点：初孵幼虫啮食叶片叶肉残留表皮，后食叶成缺刻和孔洞。

3.14.3 犁纹黄夜蛾 *Xanthodes transversa*

寄主：野棉花等。

鉴别特征：

成虫：体长约16mm，翅展36～40mm。头、胸部嫩黄色，下唇须褐色；前翅黄色，散布黑细点，基线褐色，仅中部可见，内线褐色，外斜至中脉折角内斜，外线深褐色，与内线近平行，但角较尖，亚端线暗褐色，折角于7脉，端区具1个大褐斑，中部向外扩展至外线；后翅黄色，缘毛褐色；腹部黄褐色。

犁纹黄夜蛾（低龄幼虫）

犁纹黄夜蛾（高龄幼虫）

幼虫：低龄幼虫绿色，体背各节有黄色的纵向斑点，高龄幼虫体背具1条黄色纵向条纹，侧缘各节具一大一小的黑斑，腹端红色。

危害特点：以幼虫取食寄主植物叶片为主。

3.14.4 旋目夜蛾 *Speiredonia retorta*

寄主：柑橘、苹果、梨、桃、杏、李等。

鉴别特征：

成虫：体长约20mm，雌雄体色不同。雌虫褐色至灰褐色，颈板黑色，第1—6腹节背面各具1块黑色横斑，向后渐小，其余部分为红色；前翅蝌蚪形黑斑尾部与外线近平行；外线黑色波状，其外侧至外缘具4条波状黑色横线，其中1条由中部至后缘；后翅具白色至淡黄白色中带，内侧具3条黑色横带；中带外侧至外缘具5条波状黑色横线，各带、线间色较淡。雄蛾紫棕色至黑色，前翅具蝌蚪形黑斑，斑的尾部上旋与外线相连；外线至外

旋目夜蛾（成虫）

缘具 4 条波状暗色横线，上端不达前缘。

幼虫：老熟幼虫体长约 60mm。头部褐色，颅侧区具黑色宽纵带，体灰褐色至暗褐色，生大量黑色不规则斑点，构成数条纵向条纹。

危害特点：以成虫吸食寄主植物果实的果汁为主。

3.14.5 超桥夜蛾 *Anomis fulvida*

寄主：木槿、大叶黄杨、柑橘等。

鉴别特征：

超桥夜蛾（成虫）

成虫：体长 17 ~ 21mm，翅展 37 ~ 45mm。头、胸部橙红色，中、后胸背覆棕灰色绒毛片，两边长，中间短，似“M”形，触角丝状，棕褐色，复眼椭圆，较突，紫褐色。前翅橙红色杂褐色，各横线灰褐色或紫红色，外缘紫红色，前半部成浅弧形，后半部斜伸至臀角，中部突出成尖角，两翅合拢时，呈倒“V”形，缘毛白色。环纹为 1 个白点，红棕色边，肾形纹略呈亚铃形，前小后大，也有形似椭圆棕黑斑。腹部及后翅烟褐色。

超桥夜蛾（幼虫）

幼虫：老熟幼虫体长 36 ~ 45mm，暗褐色。体表平滑，但各部位长有刺毛，基部呈黑色斑，圆锥形稍突，周围灰白色，刺毛灰白色。体表有黑色斑分布。

危害特点：幼虫啃食叶片，造成叶片缺刻或孔洞，严重时吃光叶片。

3.14.6 枯叶夜蛾 *Adris tyrannus*

寄主：柑橘、苹果、葡萄、枇杷、梨、桃、杏、李等。

鉴别特征：

成虫：体长 35 ~ 38mm，翅展 96 ~ 106mm，头胸部棕色，腹部杏黄色。触角丝状。前翅深棕色微绿，顶角尖，外缘弧形内斜，后缘中部内凹。从顶角至后缘凹陷处具1条黑褐色斜线。内线黑褐色。翅脉上有许多黑褐色小点，翅基部和中央有暗绿色圆纹。后翅杏黄色，具明显黑色阔旋纹，中部1个肾形黑斑，其前端至M2脉。亚端区具1个牛角形黑纹。停息时似枯叶状。

枯叶夜蛾（成虫）

幼虫：老熟幼虫体长57～71mm，前端较尖，第1、2腹节弯曲，第8腹节具隆起，把第7—10腹节连成一个峰状。体黄褐或灰褐色，背线、亚背线、气门线、亚腹线及腹线均暗褐色。头红褐色，无花纹。第2、3腹节亚背面各具1个眼形斑，中间黑色并具月牙形白纹，其外围黄白色并环绕黑色圈。各体节布数个不规则白纹。

危害特点：该虫是为害柑橘的一种重要吸果夜蛾。果实被害后，初为小针孔状，并有胶液流出，后扩展为木栓化、水渍状的椭圆形褐斑，最后全果腐烂，散发出酒味。

3.14.7 鸱裳夜蛾 *Catocala patala*

寄主：板栗。

鉴别特征：

成虫：体长约25mm，翅展约60mm。头部及胸部黑棕色杂少许灰色，额两侧具黑斑。前翅底色灰，密布深棕色及黑色细点，内线内侧浓棕色，外线外方棕色，基线、内线黑色，肾纹灰白色，黑边后方具1个白斑，其后具1条波浪形黑棕线，肾纹前具1块黑色条斑，外线黑色锯齿形，亚端线灰白色，两侧黑棕色；后翅黄色。

鸱裳夜蛾（成虫）

危害特点：以幼虫啃食寄主叶片为主。

3.14.8 魔目夜蛾 *Erebus crepuscularis*

寄主：垂柳。

鉴别特征：

成虫：体长26～28mm；翅展86～105mm。头、胸部褐色，后胸被白毛。腹部灰褐色，第1节背面具黑横条纹，第2—4节背面具白色横纹。前翅褐色，内线黑色外弯，内侧微白；肾纹带赭色黑边，后端2齿形外伸；中线黑色，外侧白色、半圆形绕过肾纹。外线黑色，外侧白色，中部呈锯齿形或稍外凸，亚端线白色，不规则波浪形，外侧具1列黑纹，前后端内侧带黑色，前端具1个白斑。后翅褐色，内线黑色，外侧白色，中线白色，细波浪形；亚端线黑色，不规则波浪形，内侧间断白色。前翅具有1枚大眼纹；各翅外缘锯齿状，中央具1条白色细线，停栖时连接上、下翅呈1条弧形白线条。

魔目夜蛾（成虫）

危害特点：以幼虫取食叶片成缺刻或孔洞为主，严重时可将叶食光，仅剩叶脉。

3.14.9 臭椿皮蛾 *Eligma narcissus*

寄主：臭椿、香椿、红椿、桃、李等园林观赏树木。

鉴别特征：

成虫：体长26～28mm，翅展67～80mm。头、胸部褐色，腹面橙黄色。前翅狭长，翅的中间近前方自基部至翅顶具1条白色纵带，把翅分为两部分，前半部灰黑色，后半部黑褐色，足黄色。

幼虫：老熟幼虫体长约48mm，橙黄色。腹面淡黄色，头部深黄色。各节背面有一条黑纹，沿黑纹处有突起瘤，上生灰白色长毛。

臭椿皮蛾（幼虫）

臭椿皮蛾（成虫）

危害特点：幼虫危害寄主植物叶片，造成缺刻、孔洞，严重时只留粗叶脉和叶柄。幼虫喜食幼嫩叶片，1 至 3 龄幼虫群集危害，4 龄后分散在叶背取食。

3.14.10 苎麻夜蛾 *Arcte coerulea*

寄主：麻、荨麻、蓖麻、亚麻等。

鉴别特征：

成虫：体长 20 ~ 30mm，翅展 50 ~ 70mm，体、翅茶褐色。前翅顶角具近三角形褐色斑；基线、外横线、内横线波状或锯齿状，黑色；环状纹黑色，小点状；肾状纹棕褐色，外具断续黑边；外缘具 8 个黑点。后翅生 3 条青蓝色略带紫光的横带。

苎麻夜蛾（成虫）

幼虫：老熟幼虫体长 60 ~ 65mm。3 龄前浅黄绿色，3 龄后变为黄白或黑色两型：黄白型，头黄褐色，布细小颗粒。体黄白色，前胸盾片、臀板橙黄色；气门线、气门上线黑色，腹气门四周桃红色，各体节背面具 5 ~ 6 条黑横纹，胸足黄褐色，腹足外侧黑色。黑色型，体黑色，头部、前胸盾片、臀板黄褐色；气门线、气门上线黄色，各体节背面具 5 ~ 6 条黄色短横纹。

苎麻夜蛾（幼虫）

危害特点：初孵幼虫群集顶部叶背为害，把叶肉食成筛状小孔，3 龄后分散为害，5 龄后食量剧增。幼虫食叶成缺刻或孔洞，严重的仅留叶脉。致受害株生长缓慢或停滞，植株矮小，麻皮薄，纤维质量低。

3.15 木蠹蛾科 *Cossidae*

3.15.1 芳香木蠹蛾东方亚种 *Cossus cossus orientalis*

寄主：杨树、柳树、榆树、丁香等多种阔叶树。

鉴别特征：

成虫：体长 27 ~ 34mm，翅展约 80mm，粗壮，黄褐色，复眼圆形，黑褐色。触角栉齿状。头顶毛丛、前胸毛丛土黄色，后胸毛丛为白、黑、黄相间，胸腹部粗壮，多毛，黄褐色。中足胫节具 1 对端距，后足胫节 2 对端距。翅褐色，翅面有多条黑色线纹，较其他线纹黑粗而显著的 1 条亚外缘线和 1 条由前缘 2/3 处伸至臂角的外横线在近臂角处相遇。后翅浅褐色，翅面具黑色线纹。

芳香木蠹蛾东方亚种（幼虫）

芳香木蠹蛾东方亚种危害状

幼虫：体长 56 ~ 76mm，扁圆筒形，粗壮，头黑色，胸、背面紫红色，具光泽，体侧色稍淡，腹面浅紫红色。前胸硬皮板淡黄色，具 1 个凸形黑斑，在黑斑中间生 1 条纵向白色纹。腹部各节上生有排列整齐的疣，疣上具 1 根黄褐色刚毛。

危害特点：初孵幼虫进入韧皮部，具有群居危害习性。随着虫龄的增加，幼虫蛀入枝、干和根颈的木质部内为害，中龄幼虫常多头在一虫道内危害，蛀成不规则的坑道，造成树木的机械损伤，破坏树木的生理机能，削弱树势，形成枯枝、枯干，遇风易折断，严重时整株死亡，被害枝干上常可见幼虫排出的白色或赤褐色粪便。

3.16 天蛾科 *Sphingidae*

3.16.1 榆绿天蛾 *Callambulyx tatarinovi*

寄主：榆树、杨树、柳树、槐树、桑树。

鉴别特征：

成虫：体长30～33mm，翅展75～79mm。翅粉绿色，具云纹斑；胸背墨绿色；前翅前缘顶角具1块较大的三角形深绿色斑，后缘中部具1块褐色斑。内横线外侧连成1块深绿色斑，外横线呈2条弯曲的波状纹；翅的反面近基部后缘淡红色。后翅红色，后缘角具墨绿色斑，外缘淡绿；翅反面黄绿色；腹部背面粉绿色，每腹节具1条黄白色线纹。触角上端白色，下端褐色。各足腿节淡绿色，内侧生绿色密毛，跗节赤褐色。

榆绿天蛾（成虫）

幼虫：老熟幼虫体长约80mm，鲜绿色，头部散生小白点，各节横皱，有白点并列。腹部两侧第1节起具7条白斜纹，斜纹两侧具赤褐色线缘。背线赤褐色，两侧具白线。尾角赤褐色，有白色颗粒。

危害特点：以幼虫取食寄主植物叶片为主。

3.16.2 雀纹天蛾 *Theretra japonica*

寄主：葡萄、爬山虎、常春藤、麻叶绣球、大花绣球。

鉴别特征：

成虫：体长约40mm，翅展67～72mm，体绿褐色，头胸部两侧、背中央生灰白色绒毛，背线两侧具橙黄色纵纹，各节间有褐色条纹。前翅黄褐色，具6条

雀纹天蛾（成虫）

暗褐色斜条纹，后翅黑褐色，后角附近具橙灰色三角斑纹。

幼虫：老熟幼虫体长 75 ~ 80mm。头部褐色，较小；背部青绿色，第 1—8 腹节有不甚鲜明的斜纹，前缘白色，与气门相连接。尾角约 20mm，细长，赤褐色，端部向上方弯曲。

危害特点：以幼虫取食寄主植物叶片为主。

3.16.3 咖啡透翅天蛾 *Cephonodes hylas*

寄主：黄栀子、栀子、茜草科等植物。

鉴别特征：

成虫：体长 25 ~ 33mm，翅展 45 ~ 64mm。触角黑色，棒状，从基部渐向端部膨大，末端呈细钩状。雄蛾触角比雌蛾略宽扁，具 1 条白色纵带，带外侧具 1 条瓦槽状纵沟，沟中具数条横向毛丛带。胸部背面黄绿，腹面白色；腹部背面前端草绿，中部紫红，后部杏黄色，尾部具浓密的黑色毛丛。腹面第 2—4 节中央黑色，两侧紫红，第 5、6 节中央黑色，两侧为三角形白斑。翅透明，翅基及前翅内缘基半部和后翅内缘被浓绿色鳞片。

咖啡透翅天蛾（幼虫）

咖啡透翅天蛾（成虫）

幼虫：老熟幼虫体长约 52mm，圆筒形，体黄绿色，尾角黑色，背线大，亚背线细，均为白绿色。胸足暗红色，腹足灰色，前胸生黄色小颗粒突起，亚背线下具黑斑，尾角黑色向后弯曲，上生黑色小颖粒。

危害特点：1 龄幼虫只取食叶肉，造成小斑点。2 龄幼虫取食叶肉造成小孔洞。4 至 6 龄幼虫进入暴食期，全株叶片被啃食干净，只剩下枝条。

3.16.4 红天蛾 *Deilephila elpenor*

寄主：茜草科、凤仙科、忍冬、柳叶菜、葡萄、爬山虎、地锦。

鉴别特征：

红天蛾（成虫）

成虫：体长 25 ~ 35mm，翅展 45 ~ 65mm。体翅红色为主，具红绿色闪光，头部两侧及背部具 2 条纵行红色带，腹部背线红色，两侧黄绿色，外侧红色；第 1 腹节两侧具黑斑。前翅基部黑色，前缘及外横线、亚外缘线、外缘及缘毛都为暗红色，外横线近顶角处较细，愈向后缘愈粗，中室具 1 个小白点，后翅红色，靠近基半部黑色，翅反面较鲜艳；前缘黄色。

幼虫：依体色可区分为 2 种类型：褐型及绿型。褐型幼虫体棕褐色，各体节密布网状纹，腹部第 1、2 节两侧具 1 对眼状纹，眼纹中间灰白色，背线黑色，第 3—7 腹节有与节间相连的黑斑，各体节后缘黄褐色，近似斜线，腹部腹面黑褐色，尾角棕褐色，尖端淡黄色。绿型幼虫体黄绿色，第 1、2 腹节眼状纹中间黄白色，上下为黑斑。初孵幼虫均为绿型，在 2 至 3 龄脱皮后大部分转为褐型，老熟幼虫期绿型仅占少数。

危害特点：幼虫啃食叶片，严重时寄主叶片被吃光。

3.16.5 白薯天蛾 *Herse convolvuli*

寄主：扁豆、赤豆、甘薯。

鉴别特征：

白薯天蛾（成虫）

成虫：体长 43 ~ 52mm，翅展 90 ~ 120mm，头部暗灰色；胸部背面灰褐色，有两丛呈“八”字状的褐色鳞毛。中胸具钟状灰白色斑纹。前翅灰褐色，翅面生数个锯齿纹和云状斑纹；后翅淡灰色。腹部背面中央具 1 条暗灰色宽带纹，各节侧面具顺次为白、粉红、黑色的横带；雄蛾触角栉齿状，雌蛾触角棍棒状，末端膨大。

幼虫：共5龄，初孵幼虫黄绿或青绿色，后有绿色、灰色、黑色、花色等多种体色型。老熟幼虫体长90～120mm，头顶圆，第8腹节背面具1个光滑成弧形的尾角。

危害特点：以幼虫咬食叶片、叶柄、嫩茎为主。

3.16.6 葡萄天蛾 *Ampelophaga rubiginosa*

寄主：葡萄。

鉴别特征：

葡萄天蛾（成虫）

成虫：雌虫体长约44mm，翅展约88mm。雄虫体长约38mm，翅展约72mm。体肥大粗壮，呈纺锤形。触角短栉齿状，体、翅茶褐色。体背中央自前胸到腹端具1条灰白色纵线；复眼后至前翅基部具1条灰白色较宽纵线。复眼球形，暗褐色。前翅顶角较突出，各横线均为暗茶褐色。内横线和中横线较粗而弯曲，在翅的中部形成2条宽的横带，其中中横线较宽，内横线次之，外横线较细呈波纹状。前翅前缘近顶角处具1块暗色三角形斑，斑下接亚外缘线，亚外缘线呈波状，较外横线宽。后翅周缘棕褐色，中间大部分为黑褐色。外缘及臂角附近各具1条茶褐色横带。缘毛色稍红。翅背面红褐色，各横线黄褐色。

幼虫：老熟幼虫体长约80mm，绿色。体表遍布横条纹和黄色颗粒状小点。头部具2对近乎平行的黄白色纵线，分别于蜕裂线两侧和触角之上，均达头顶。胸足红褐色。

危害特点：以幼虫食害叶片为主，低龄幼虫将叶片咬成缺刻和孔洞，稍大些可把叶肉吃光，残留部分粗脉和叶柄，发生严重时可将叶片全部吃光。

3.16.7 构月天蛾 *Parum colligata*

寄主：构树。

鉴别特征：

成虫：翅展 65 ~ 80mm。体翅茶褐色，中室端具 1 个小白星，外横线暗紫色，顶角具新月形暗紫色斑，四周白色。

构月天蛾（成虫）

幼虫：1 龄幼虫头黄褐色，身体粉绿色，体表比较光滑，有微细黄色茸毛；尾角黑褐色，上布较尖黑刺。2 龄幼虫头乳黄色，单眼灰绿色，身体粉绿色，尾角黑褐色，上具白色刺突，各体节间呈白色环。3 龄幼虫绿色稍深，头部白色条纹明显，单眼呈墨绿色，体上刺较前龄长，两侧气门前方直达背部具 1 排斜向粗刺。4 龄幼虫头粉绿色，体黄绿色，身上刺突更长，体侧具乳黄色斜纹，尾角褐绿，上面刺突尖端黑色。5 龄幼虫头部冠缝两侧条纹明显，单眼呈黄褐色，体侧斜纹显著。

危害特点：幼虫食害叶片，为害时先从叶反面取食，呈半透明窗口状，后啃食成缺刻。3 龄以前集中取食，3 龄后分散危害。

3.17 苔蛾科 *Lithosiidae*

3.17.1 血红雪苔蛾 *Cyana sanguinea*

寄主：杜英。

鉴别特征：

成虫：翅展 24 ~ 34mm。白色；雄蛾前翅亚基线短，红色，前缘基部具 1 条红带与红色内线相接，内线从前缘斜向中脉，在中室与 1 条短红带相接，然后垂直，中

血红雪苔蛾（成虫）

室上、下角各具 1 个黑点，外线红色，从前缘斜向 4 脉，然后直向臀角，端线红色，在翅顶成弧形，在前缘下方与外线相接；后翅红色，基部白色，缘毛黄色；前翅反面暗褐，具红边。雌蛾前翅中室无红带，端线在翅顶不成弧形。

危害特点：以幼虫咬食叶片、叶柄、嫩茎为主。

3.17.2 优美苔蛾 *Cyana sanguinea*

寄主：壳斗科植物。

鉴别特征：

成虫：雄虫翅展 28 ~ 45mm，雌虫翅展 36 ~ 52mm。头、胸黄色，颈板及翅基片黄色红边；前翅底色黄或红，雄虫以红色、雌蛾以黄色占优势；后翅底色雄蛾淡红、雌虫黄或红色，前翅亚基点、基点黑色，内线由黑灰色点连成，中线黑灰色点状，不相连，外线黑灰色，较粗，在中室上角外方分叉至顶角；前、后翅缘毛黄色。

优美苔蛾（成虫）

危害特点：以幼虫咬食叶片、叶柄、嫩茎为主。

3.18 螟蛾科 *Pyralidae*

3.18.1 黄翅缀叶野螟 *Botyodes diniasalis*

寄主：杨树、柳树。

鉴别特征：

成虫：体长约 12mm，翅展约 30mm。体黄色，头部褐色，两侧具白条。触角淡褐色。胸、腹部背面淡黄褐色。雄成虫腹末具 1 束黑毛。翅黄色，前翅亚基线不明显，内横线

黄翅缀叶野螟（成虫）

穿过中室，中室中央具1个小斑点，斑点下侧具1条斜线伸向翅内缘，中室端脉具1块暗褐色肾形斑及1条白色新月形纹，外横线暗褐色波状，亚缘线波状。后翅具1块暗色中室端斑，有外横线和亚缘线。前、后翅缘毛基部有暗褐色线。

幼虫：老熟幼虫体长约20mm，黄绿色，头部两侧近后缘具1个黑褐色斑点，胸部两侧各具1条黑褐色纵纹。体沿气门两侧各具1条浅黄色纵带。

危害特点：幼虫喜在嫩叶上吐丝缀叶，受害叶被连呈饺子状或筒状，受害严重时叶片被食光，枝梢变成“秃梢”。老熟幼虫在卷叶内吐丝结白色薄茧化蛹。

3.18.2 黄杨绢野螟 *Diaphania perspectalis*

寄主：瓜子黄杨、雀舌黄杨、大叶黄杨、黄杨木、冬青等树种。

鉴别特征：

成虫：体长10 ~ 16mm，翅展23 ~ 26mm；头部及胸部褐色，腹部末端深褐色，头顶触角间的鳞毛白色；触角褐色；下唇须第1、2节下部白色，上部暗褐色，第3节暗褐色；胸部被棕色鳞片；翅白色、半透明，前翅前缘褐色。

黄杨绢野螟（成虫）

幼虫：老熟成虫体长23 ~ 27mm；幼虫头部黑褐色，胴部黄绿色，表面生具光泽的毛瘤及稀疏毛刺，前胸背面具2块三角形黑斑；气门线淡黄绿色，基线及腹线淡青灰色；胸足深黄色，腹足淡黄绿色。

黄杨绢野螟（幼虫）

危害特点：以幼虫取食叶片为主，受害严重的植株仅残存丝网、蜕皮、虫粪，少量残存叶边、叶缘等，最后整个枝条枯萎。初孵幼虫主要取食叶背，2至3龄幼虫吐丝将叶片、嫩枝缀连成巢，于其内食害叶片呈缺刻状，老熟后吐丝缀合叶片作茧化蛹。

3.18.3 桃蛀螟 *Conogethes punctiferalis*

寄主：梨、桃、李、樱桃、山楂、板栗、荔枝、柿、石榴、枇杷等果树。

鉴别特征：

成虫：体长 9 ~ 14mm，翅展 20 ~ 25mm，体橙黄色。前后翅及胸腹背面具黑色鳞片组成的黑斑。其中，前翅具 20 余个黑斑，后翅 10 余个。腹部第 1—5 节背面各具 2 个横列的黑斑，第 6 腹节仅 1 个黑斑。

桃蛀螟（成虫）

幼虫：老熟幼虫体长 22 ~ 27mm，头部暗褐色，体背暗红色，身体各节被粗大褐色毛片。

危害特点：以幼虫蛀食果肉和幼嫩核仁为主。果实被害后，蛀孔外堆集黄褐色透明胶质及红褐色虫粪，果内也有虫粪，两个紧靠果实最易被蛀。被害幼果不能发育，常变色脱落或胀裂。

3.18.4 樟巢螟 *Orthaga achatina*

寄主：香樟、天竺桂、红楠、江浙钓樟等多种樟科树种。

鉴别特征：

成虫：体长 8 ~ 13mm，翅展 22 ~ 30mm。头部淡黄色，触角黑褐色。雄虫胸腹部背面淡褐色；雌虫黑褐色，腹面淡白褐色。前翅基部暗黑褐色，内横线黑褐色，前翅前缘中部具 1 个黑点，外横线曲折波浪形，沿中脉向外突出，尖形向后收缩，翅前缘 2/3 处具 1 个乳头状肿瘤，外缘黑褐色，缘毛褐色，基部具 1 排黑点。后翅除外缘形成褐色带外，其余灰黄色。

幼虫：初孵幼虫灰黑色，2 龄后渐变棕色。老熟幼虫体长 22 ~ 30mm，褐色，头部及前胸背板红褐色，体背具 1 条褐色宽带，每节背面生 6 根细毛。

樟巢螟（幼虫）

危害特点：初孵幼虫群集吐丝缀叶成虫包，取食叶片，随着虫龄增大不断吐丝缀叶使虫包扩大形成巢，内有纯丝织成的巢室。受害后树冠上挂有许多鸟巢状的虫包，影响树木的生长和观赏，严重时能将树叶吃光，甚至导致树木死亡。

3.18.5 竹织叶野螟 *Algedonia coclesalis*

寄主：红竹、桂竹、石竹、早园竹、紫竹等竹类。

鉴别特征：

成虫：雌虫体长 9 ~ 14mm，翅展 24 ~ 30mm；雄虫体长 9 ~ 13mm，翅展 24 ~ 29mm。体黄色至黄褐色，腹面银灰色。触角黄色、丝状，复眼草绿色。前翅黄色至深黄色，具 3 条深褐色弯曲的横线，外横线下半段内倾与中横线相接。后翅色浅，具 1 条弯曲的中横线。前、后翅外缘均有褐色宽边。足银白色，外侧黄色。

幼虫：初孵幼虫青白色，体长 1.2 ~ 1.3mm，老熟幼虫体长 16 ~ 25mm。头部褐色，体表光滑，取食期间体色呈绿色或淡黄色，老熟时体色较浅，呈灰白色，结茧化蛹前金黄色。前胸背板具 6 个黑斑；中、后胸背面各具 2 个褐斑，将背线分割成 4 块；腹部每节背面具 2 个褐斑，气门斜上方具 1 块褐斑。

竹织叶野螟（幼虫）

危害特点：幼虫吐丝卷当年新竹竹叶，取食叶片，对毛竹、刚竹、淡竹及青皮竹等危害特别严重，严重为害时，竹叶被吃光，影响竹鞭生长及下年度出笋，甚至使大面积竹子枯死。

3.19 灯蛾科 *Arctiidae*

3.19.1 八点灰灯蛾 *Creatonotus transiens*

寄主：桑、茶、柑橘等。

鉴别特征：

成虫：雌虫体长 20 ~ 23mm，翅展 50 ~ 60mm。头、胸部白色，下唇须第 3 节、额缘、触角与复眼黑色。腹背橘黄色，背中纵列 6 个黑点。腹面白色，具 2 列黑点；背腹面黄白两色相交处具 1 列黑点；前翅白色，除前缘及翅脉外褐色，中室上下角内外方各具 1 个黑点。后翅灰白色，近外缘具 4 ~ 5 个黑色亚端点。雄虫较小，体长约 16mm，翅展约 46mm，前后翅灰色，中室端具 4 个黑点；后翅无亚端斑点。腹背黄色，腹面浅灰色，点列同雌虫，腹末较尖细。

八点灰灯蛾（成虫）

幼虫：初孵时体灰黄色；脱皮后 2 至 4 龄头部褐色，体黄黑色相间；腹部第 2—6 节气门上线区橙黄色，背线淡黄色。前胸盾板黑色，着生有黑毛簇。体各节生黑色毛瘤，疏生黑色长毛。5 龄后体色加深，6 龄后体黑色，老熟幼虫体长约 45mm，头及胸盾板黑色，密生黑色毛簇。体各节均具毛瘤，多少不一，各瘤均密生黑色长毛。气门白色。腹足黑色，趾钩 19 ~ 25 个，呈中带排列。

危害特点：初孵幼虫有咬食卵壳习性，2 龄前常集中为害，3 龄前可把幼苗吃成缺刻。老熟幼虫在石块、土块下结茧化蛹。

3.19.2 大丽灯蛾 *Aglaomorpha histrio*

寄主：毛竹。

鉴别特征：

成虫：翅展 66 ~ 100mm。头、胸、腹橙色，头顶中央具 1 个小黑斑，额、下唇须及触角黑色，颈板橙色，中间具1个闪光大黑斑，翅基片闪光黑色，胸部具闪光黑色纵斑，腹部背面具黑色横带，第1节的黑斑成三角形，末2节为方形，侧面及腹面各具1列黑斑；前翅闪光黑色具白斑，中室末具1个橙色斑；后翅橙色具黑斑。

大丽灯蛾（成虫）

危害特点：以幼虫取食寄主植物叶片为主。

3.19.3 红缘灯蛾 *Amsacta lactinea*

寄主：杨树、柳树等。

鉴别特征：

成虫：雌虫体长20～28mm，翅展58～70mm，雄虫体长20～25mm，翅展54～65mm；触角短栉齿状；体白色，头顶、颈板边缘红色，腹面白色，腹背橘黄色，节间和两侧具黑纹；前翅前缘具红带，中室上角具1个黑点，后翅中室端常具新月形黑斑，外缘具3～4个黑斑，黑斑的分布和大小多变异。

红缘灯蛾（成虫）

幼虫：初孵幼虫体黄色，后为橙黄色；各体节着生毛瘤，3龄后毛瘤变为黑色，除尾部外，各节着生12个毛瘤，毛瘤上丛生黄棕色长毛；体背具3条由白斑组成的纵线。老熟幼虫体长40～60mm，黑褐色，白斑消失，体毛棕黑色，腹足紫红色或橙色。

危害特点：幼虫啃食寄主植物的茎、花、果实，严重时将叶、花等全部吃光，仅留叶脉、花柄。

3.19.4 强污灯蛾 *Spilarctia obusta*

寄主：蔷薇科植物。

鉴别特征：

强污灯蛾（成虫）

成虫：雄虫翅展 52 ~ 64mm，雌虫翅展 62 ~ 74mm。体乳白色；下唇须基部红色，顶端黑色，触角黑色，雄虫肩角与翅基片具黑点，腹部背面红色，背面、侧面及亚侧面具黑点列；前翅中室上角具 1 个黑点，1 脉中部的上、下方各具 1 个黑点，黑色亚端点有时存在；后翅中室端具 1 个黑点，亚端点黑色。

危害特点：幼虫啃食寄主植物的茎、花、果实，严重时将叶、花等全部吃光，仅留叶脉、花柄。

3.19.5 星白雪灯蛾 *Spilosoma menthastri*

寄主：向日葵、十字花科植物。

鉴别特征：

星白雪灯蛾（成虫）

成虫：体长 14 ~ 18mm，翅展 33 ~ 46mm。雄虫触角栉齿状，下唇须背面和尖端黑褐色。腹部背面黄色，每腹节中央具 1 个黑斑，两侧各具 2 个黑斑。前翅表面带黄色，散布黑色斑点，黑点数因个体差异，各不相同。夏末出现的个体略小，前翅几呈白色，翅表黑斑数较多。

幼虫：体土黄色至黑褐色，背面具灰色或灰褐色纵带，气门白色，密生棕黄色至黑褐色长毛，腹足土黄色。

危害特点：高龄幼虫在植株茎基部取食靠近地面的根茎组织，给植株造成孔洞或弧形伤口的虫伤株，甚至将根茎部咬断，致使植株易因风折倒伏而造成缺苗。

3.20 大蚕蛾科 *Saturniidae*

3.20.1 樗蚕 *Philosamia cynthia*

寄主：香樟、石榴、柑橘、臭椿、乌桕、银杏、马桂木、喜树、槐、柳等。

樗蚕（幼虫）

鉴别特征：

成虫：体长 25 ~ 33mm，翅展 127 ~ 130mm。体青褐色。头部四周、颈板前端、前胸后缘、腹部背面、侧线及末端白色。腹部背面各节具 6 对白色斑纹，其中间具断续的白纵线。前翅褐色，前翅顶角后缘呈钝钩状，顶角圆而突出，粉紫色，具黑色眼状斑，斑上缘为白色弧形。前后翅中央各具 1 块较大新月形斑，新月形斑上缘深褐色，中间半透明，下缘土黄色；外侧具 1 条纵贯全翅的宽带，宽带中间粉红色、外侧白色、内侧深褐色、基角褐色，其边缘生 1 条白色曲纹。

樗蚕（成虫）

幼虫：低龄幼虫淡黄色，具黑色斑点。中龄后体被白粉，青绿色。老熟幼虫体长 55 ~ 75mm。体粗大，头部、前胸、中胸具对称蓝绿色棘状突起，突起略向后倾斜。亚背线上的突起较大，突起之间具黑色小点。气门筛淡黄色，围气门片黑色。胸足黄色，腹足青绿色，端部黄色。

危害特点：初孵幼虫有群集习性，3 至 4 龄后逐渐分散为害。幼虫食叶和嫩芽，轻者食叶成缺刻或孔洞，严重时把叶片吃光。

3.20.2 绿尾大蚕蛾 *Actias selene ningpoana*

寄主：柳、枫杨、山茱萸、乌桕、木槿、樟树、桤木、喜树、海棠、冬青、桂花、玉兰、贴梗海棠、垂丝海棠、香樟、银杏、悬铃木、枫杨、龙爪柳、杜仲等。

鉴别特征：

成虫：体长 32 ~ 38mm，翅展 100 ~ 130mm。体粗大，豆绿色，头灰褐色，头部两侧及肩板基部前缘具暗紫色横切带，触角土黄色，雄、雌虫均为长双栉形；体被较密白色长毛，有些个体略带淡黄色。翅粉绿色，基部具较长的白色茸毛，前翅前缘暗紫色，混杂白色鳞毛，翅脉及 2 条与外缘平行的细线均为淡褐色，外缘黄褐色；中室端具 1 个眼形斑，斑的中央在横脉处呈 1 条透明横带，透明带的外侧黄褐色，内侧内方橙黄色，外方黑色，间杂红色月牙形纹；后翅自 M3 脉以后延伸成尾形，长达 40mm，尾带末端常呈卷折状。中室端具眼形纹。外线单行黄褐色。胸足胫节和跗节均为浅绿色，被长毛。一般雌虫色较浅，翅较宽，尾突亦较短。

幼虫：体黄绿色，体节近六角形，着生肉突状毛瘤，毛瘤上具白色刚毛和褐色短刺。胸足褐色，腹足棕褐色，上部具黑横带。

绿尾大蚕蛾（幼虫）

绿尾大蚕蛾（成虫）

危害特点：以幼虫取食叶片为主，低龄幼虫食叶成缺刻或孔洞，稍大时可把全叶吃光，仅残留叶柄或叶脉。

3.20.3 长尾大蚕蛾 *Actias dubernardi*

寄主：垂柳。

鉴别特征：

长尾大蚕蛾（成虫）

成虫：翅展 90～120mm。雄虫体橘红色，翅杏黄色，外缘具宽粉红色带；雌虫体青白色，翅粉绿色。雌、雄虫前翅中室具眼状斑，后翅均具1对细长尾突，尾突粉红色。触角黄褐色，前胸前缘紫红色，肩板后缘淡黄色；前翅粉绿色，外缘黄色；中室具1条眼纹，中央粉红色，内侧生较宽的波形黑纹，间杂白色鳞毛，外侧具黄褐色轮廓；外线黄褐不明显。后翅后角尾突延长成飘带状，长达85mm；尾突橙红色，近端部黄绿色，外缘黄色。

危害特点：以幼虫取食叶片为主，低龄幼虫食叶成缺刻或孔洞，稍大时可把全叶吃光，仅残留叶柄或叶脉。

3.21 蓑蛾科 *Psychidae*

3.21.1 白囊袋蛾 *Chalioides kondonis*

寄主：杨树等。

鉴别特征：

白囊袋蛾（袋囊）

成虫：雌虫长约9mm，淡黄色。雄虫长 8～11mm，前后翅透明，体灰褐色，具白色鳞毛。

幼虫：体长 25～30mm，红褐色，胸部背面具深色点纹，腹部毛片色深。

袋囊：长约30mm，完全用丝织成，

灰白色，袋囊丝质较密致，不附叶片与枝梗。

危害特点：幼虫取食树叶、嫩枝皮及幼果。大发生时，幼虫在几天内能将全树叶片食尽，残存秃枝光干，严重影响树木生长，开花结实，使枝条枯萎或整株枯死。

3.21.2 茶蓑蛾 *Clania minuscula*

寄主：茶、油茶、柑橘、苹果、樱桃、李、杏、桃、梅、桑等。

鉴别特征：

成虫：雌雄异形。雌虫体长12～16mm，足退化，无翅，蛆状，乳白色。头小，褐色。腹部肥大，体壁薄，能看见腹内卵粒。后胸、第4—7腹节具浅黄色茸毛。雄虫体长11～15mm，翅展22～30mm，体翅暗褐色。触角呈双栉状。胸部、腹部具鳞毛。前翅翅脉两侧色略深，外缘中前方具2个近正方形透明斑。

茶蓑蛾（袋囊）

幼虫：老熟幼虫体长16～28mm，体肥大，头黄褐色，两侧具暗褐色斑纹。胸部背板灰黄白色，背侧具2条褐色纵纹，胸节背面两侧各具1块浅褐色斑。腹部棕黄色，各节背面均具4个黑色小突起，成“八”字形。

袋囊：丝质，外缀叶屑或碎皮，稍大后形成纵向排列的小枝梗，长短不一。

危害特点：幼虫在袋囊中咬食叶片、嫩梢或剥食枝干、果实皮层，造成局部茶丛光秃。

3.21.3 大袋蛾 *Clania variegata*

寄主：法桐、枫杨、柳树、榆树、柏树、槐树、银杏、油茶、茶树、栎树等多种林木。

鉴别特征：

成虫：雌雄异形。雌虫无翅，乳白色，肥胖呈蛆状，头小，黑色，圆形，触角退化为短刺状，棕褐色，口器退化，胸足短小，腹部 8 节，均具黄色硬皮板，节间生黄色鳞状细毛。雄虫有翅，翅展 26 ~ 33mm，体黑褐色，触角羽状，前、后翅均被褐色鳞毛，前翅具 4 ~ 5 个透明斑。

大袋蛾（袋囊）

幼虫：雌幼虫较肥大，黑褐色，胸足发达，胸背板角质，污白色，中部具 1 条明显棕色斑纹，雄幼虫较瘦小，色较淡，呈黄褐色。

危害特点：幼虫昼夜取食树叶、嫩枝及幼果，3 龄后，食叶穿孔或仅留叶脉。大发生时可将全部树叶吃光，是灾害性害虫。

3.22 斑蛾科 *Zygaenidae*

3.22.1 重阳木锦斑蛾 *Histia rhodope*

寄主：重阳木。

鉴别特征：

重阳木锦斑蛾（幼虫）

成虫：体长 17 ~ 24mm，翅展 47 ~ 70mm。头小，红色，具黑斑。触角黑色，栉齿状，雄虫触角较雌虫宽。前胸背面褐色，前、后端中央红色。中胸背黑褐色，前端红色；近后端具 2 个红色斑纹，或连成“U”字形。前翅黑色，反面基部有蓝色光泽。后翅黑色，自基部至翅室近端部蓝绿色，占翅长 3/5。前后翅腹面基斑红色。后翅第 2 中脉和第 3 中脉延长成 1 个尾角。腹部红色，具 5 列黑斑，自前而后渐小，但雌者黑斑较雄者大，雌腹面 2 列黑斑在

重阳木锦斑蛾（成虫）

第 1—5 或第 6 节合成 1 列。雄虫腹末截钝，凹入；雌虫腹末尖削，产卵器露出呈黑褐色。

幼虫：体肥厚而扁，头部常缩在前胸内，腹足趾钩单序中带。体具枝刺，有些枝刺上具腺口。

危害特点：成虫白天在重阳木树冠或其他植物丛上飞舞，吸食补充营养。幼虫取食叶片，严重时将叶片吃光，仅残留叶脉等。幼虫高发期，常吐丝下垂，对行人造成影响。

3.22.2 大叶黄杨斑蛾 *Pryeria sinica*

寄主：大叶黄杨、银边黄杨、金心冬青卫矛、大花卫矛、扶芳藤和丝棉木等。

鉴别特征：

成虫：雄虫体长 9 ~ 12mm，翅展 24 ~ 29mm。雌虫体长 9 ~ 11mm，翅展 31 ~ 32mm。头、触角及胸部黑褐色。前翅半透明，基部 1/3 淡黄色，其余部分暗灰色，翅脉暗褐色。后翅黄色，腹部橘黄色，胸背和腹部两侧生橙黄色长毛，雄虫触角羽状，腹末具 2 簇黑色毛丛。雌虫触角栉齿状，腹部较雄虫粗短，腹末 2 簇毛丛长而密，暗黄色，基部黑灰色。

幼虫：体粗短，圆筒形，初孵时嫩黄色。老熟幼虫体长约 20mm，头黑褐色，胸、腹部淡黄绿色。前胸背板具“∧”形黑斑。背线、亚背线、气门线呈 7 条

大叶黄杨斑蛾（幼虫）

平行的青黑色线纵贯胴部。体节均具毛瘤，并密被白色短毛。

危害特点：以幼虫取食寄主植物叶片、嫩枝、幼芽等为主。发生量大、虫口密度高时，叶片在短时间内能被吃光，仅残留叶柄，形成秃枝，导致整株枯死。幼虫食量不足时，还会转移采食，造成极大的危害。

3.23 箩纹蛾科 *Brahmaeidae*

3.23.1 紫光箩纹蛾 *Brahmaea porphyria*

寄主：桂花、丁香、女贞、油橄榄等。

鉴别特征：

成虫：体长 32 ~ 38mm，翅展 125 ~ 131mm，棕褐色。喙发达，触角双栉齿状，腹部背节间具黄褐色横纹。前翅中带中部 2 个长圆形纹呈紫红色，并在其外侧具 1 片紫红色区域，中带内侧具 7 条深褐色和棕色的箩筐编织纹。中带外侧具 5 ~ 7 条浅褐色和棕色的箩筐编织纹。翅外缘浅褐色，有 1 列半球形灰褐色斑。后翅内侧棕色或黑褐色，外侧具 10 条浅褐色和棕色箩筐编织纹。前、后翅翅脉蓝褐色。

紫光箩纹蛾（幼虫）

紫光箩纹蛾（成虫）

幼虫：初孵幼虫黄褐色，具黑斑，中、后胸背面各具 1 对短刺突，第 8 腹节背面中央具 1 根大的刺状突。随虫体长大，刺状突在蜕皮时蜕去，背面变光滑。老熟幼虫体长约 90mm，棕黄色，背面具黄褐色斑纹及数个黄褐色小点。气门黑色，椭圆形。

危害特点：幼虫食害寄主植物叶片，食量很大，叶片常被大量取食，甚至全被食光。

3.24 鹿蛾科 *Amatidae*

3.24.1 广鹿蛾 *Amata emma*

寄主：乌蔹莓等。

鉴别特征：

成虫：体长9~12mm，翅展24~36mm。触角线状，黑色，顶端白色。头、胸、腹部黑褐色，颈板黄色，腹部背侧面各节具黄带，腹面黑褐色。翅黑褐色，前翅M1斑近方形或稍长，M2斑为梯形，M3斑圆形或菱形，M4、M5、M6斑狭长形。后翅后缘基部黄色，前缘区下方具1块较大透明斑，在Cu2脉处成齿状凹陷，翅顶的黑边较宽。

广鹿蛾（成虫）

危害特点：以幼虫取食寄主植物叶肉组织为主。

3.24.2 蕾鹿蛾 *Amata germana*

寄主：黑荆。

鉴别特征：

成虫：雌虫体长12~15mm，翅展31~40mm；雄虫体长12~16mm，翅展28~35mm。体黑褐色。触角丝状，黑色，顶端白色。头黑色，额橙黄色。颈板、基片黑褐色，中、后胸各具1块橙黄色斑，胸足第1跗节灰白色，其余部分黑色。腹部

蕾鹿蛾（成虫）

各节具黄或橙黄色带。翅黑色，前翅基部通常被黄色鳞片，M1 斑方形，M2 斑平截楔形，M3 斑亚菱形，M4 斑长形，其上有时附 1 个小斑点，M5 斑长于 M6 斑。后翅后缘基部黄色，中室、中室下方及 Cu2 脉处为透明斑。

危害特点：初孵幼虫群集于嫩叶上，取食叶肉组织。2 龄后开始分散危害，食叶呈缺刻状。5 龄后幼虫食量较大，常转枝或转株危害。6 至 7 龄幼虫食量最大。

3.25 凤蛾科 *Epicopeiidae*

3.25.1 榆凤蛾 *Epicopeia mencia*

寄主：叶榆、榔榆、白榆、刺榆、黑榆等。

榆凤蛾（幼虫）

榆凤蛾（成虫）

鉴别特征：

成虫：体长约 20mm，翅展约 80mm，形态似凤蝶，体翅灰黑或黑褐色。触角栉齿状，腹部各节后缘为红色。前翅外缘为黑色宽带，后翅具 1 根尾状突起，生 2 列不规则的斑，斑为红色或灰白色。

幼虫：老熟幼虫体长约 55mm，浅绿色。背中浅黄色，各节具黑褐色斑点。全身被白色蜡粉，其蜡粉不平整，形成凸凹状，有时辨认不出虫体本身。

危害特点：低龄幼虫只取食叶肉，高龄幼虫蚕食叶片。

3.26 毒蛾科 *Lymantridae*

3.26.1 茶黄毒蛾 *Euproctis pseudoconspersa*

寄主：油茶。

鉴别特征：

成虫：雌虫体长 10 ~ 12mm，翅展 30 ~ 35mm，前翅橙黄色或黄褐色，中部具 2 条黄白色横带，除前缘、顶角和臀角外，翅面被黑褐色鳞片，顶角具 2 个黑色斑点，后翅橙黄或淡黄褐色，外缘、内缘缘毛黄色。腹部末端生成簇黄毛。雄虫体长 9 ~ 11mm，翅展 20 ~ 26mm，形态同雌虫，仅颜色较深。

茶黄毒蛾（幼虫）

幼虫：老熟幼虫体长 20 ~ 26mm，圆筒形。头红褐色。体黄至黄褐色。自前胸至第 9 腹节，均具 4 对毛疣。前胸及第 1—8 腹节背侧 1 对黑色明显，并簇生黑色短毛与散射的黄白色长毛。头尾具长毛向前后伸出。

危害特点：1 至 3 龄常数十至数百头群集在叶背取食茶树顶梢嫩叶叶肉，致使被害叶片仅剩透明的薄膜状上表皮；3 龄后分散为害芽、叶、花、幼果等，从叶缘开始取食，造成叶片严重缺刻，严重时造成秃枝。

3.26.2 盗毒蛾 *Porthesia similis*

寄主：苹果、梨、桃、枣、柿、山楂、樱桃、杨树、柳树、桑树、榆树等。

鉴别特征：

成虫：雌虫体长 18 ~ 20mm，翅展 35 ~ 45mm；雄虫体长 14 ~ 16mm，翅展 30 ~ 40mm。体翅均为白色，头、胸、足及腹部均为白色带微黄，触角双栉齿状，复眼黑色，前翅后缘近臀角处和近基部各具1个黑褐色斑。雌虫腹部肥大，末端生金黄色毛丛，雄虫腹部第3节后各节生稀疏的黄色短毛。

盗毒蛾（幼虫）

幼虫：体长6～40mm，头暗褐色，体黑褐色至黑色，臀部黄色，背线红褐色，体背各节具2对黑色毛瘤，瘤上生黑色长毛束和褐色短毛，腹部第6、7节背面中央各具橙红色盘状翻缩腺。亚背线白色，第9腹节毛瘤全为橙红色，上生黑褐色长毛。

危害特点：幼虫为害嫩芽、叶片、嫩梢等部位，初孵幼虫群集在寄主叶片背面取食叶肉，使叶面成块状透明斑，3龄后分散为害形成大缺刻或孔洞，甚至食光，严重的仅剩叶脉，叶面呈网格状，直接影响光合作用，造成树势衰弱、减产、品质变劣。

3.26.3 线茸毒蛾 *Dasychira grotei*

寄主：悬铃木、重阳木、樟树、黑荆树、榔榆、月季花等。

鉴别特征：

成虫：雌虫体长15～21mm，翅展70～71mm；触角丝状，无单眼多体多毛；头、胸部灰白色，腹部白色，翅基片灰白色，前翅底色灰白，并散布有黑褐色鳞粉，内线灰褐色，外线灰褐色，波浪形。亚端线灰褐色，波浪形，端线灰褐色，锯齿形，后翅白色，翅脉黄色。雄虫体长15～20mm，翅展41～47mm，触角羽状，黄褐色，头、胸灰褐色，腹黄褐色，前翅灰褐色，内线内侧灰白色，内线黑褐色，肾状纹新月形，褐色，边缘黑色多外线锯齿形，黑褐色；后翅暗黄色，顶角和端部褐色，缘毛白色。

幼虫：老熟幼虫体长41～45mm，黄绿色，第1、2腹节之间背部具1个黑斑，腹部体节间灰黑色，体节上多毛瘤，瘤上有黄绿色刚毛。腹节第1—4节和第8节背面各具1根黄色毛刷。腹足5对，趾钩单序中列式。

线茸毒蛾（幼虫）

线茸毒蛾（成虫）

危害特点：1 至 2 龄幼虫群集取食，寄主叶片被食只剩叶表薄膜状；3 龄幼虫分散为害，从叶边缘开始取食，造成叶片残缺不全，个别留下叶的主脉。

3.26.4 杨毒蛾 *Stilpnotia candida*

寄主：杨树。

鉴别特征：

成虫：雌成虫体长 19 ~ 23mm，翅展 48 ~ 52mm；雄成虫体长 14 ~ 18mm，翅展 35 ~ 42mm。全身被白绒毛，稍有光泽。复眼漆黑色，雌蛾触角栉齿状，雄蛾羽状，触角主干黑色，具白色或灰白色环节。足黑色，胫节、跗节具白色环纹。

杨毒蛾（成虫）

幼虫：老熟幼虫体长 30 ~ 50mm，黑褐色，头部浅棕褐色，冠缝两侧各具 1 条黑色纵纹，单眼区黑色。背中浅黑色，两侧为黄棕色，其下各具 1 条灰黑色纵带。体每节均具 8 个黑色或棕色毛瘤，形成一横列，其上密生黄褐色长毛及少数黑色短毛。腹部青棕色。胸足棕色。

危害特点：危害严重时成片的杨树叶肉被吃光，只留下残存的叶脉，严重影响树木生长和生态环境。

4 膜翅目 *Hymenoptera*

4.1 三节叶蜂科 *Argidae*

4.1.1 蔷薇三节叶蜂 *Arge pagana*

寄主：月季、蔷薇、榔榆等。

鉴别特征：

成虫：雌虫体长约 10mm，翅展 21 ~ 23mm；雄虫体长约 7mm，翅展约 14mm。头、胸和足蓝黑色，有光泽，复眼和触角黑色。触角丝状，3 节，第 3 节特长，头顶部具 3 个小突起，下颚须发达，5 节。中胸背板具 1 处凹陷。翅浅棕褐色，具紫红色反光，被棕黄色短绒毛。胸足胫节具 2 端距，中足和后足胫节中央近端部前侧各具 1 根刺。跗节 5 节，2 爪，具爪垫，腹部黄色，产卵孔及肛门周围密生浅棕色绒毛。

幼虫：老熟幼虫体长 21 ~ 23mm，黄绿色，头部黄色，被金黄色绒毛，额颊区较密。单眼 1 对，黑色。触角刚毛状，棕色，3 节。前额具 1 个古钟状褐色斑。胸足 3 对，其外侧除腿节端部关节处为绿色，其余部分为黑色。腹足 5 对，基部巨黑斑。体各节具 3 排横列的黑色瘤突，每排 4 ~ 7 个，上具 1 ~ 3 根淡黄色刚毛。胸、腹部前 8 节体两侧近基部各具 1 个大黑色瘤，臀板黑色。1 至 3 龄幼虫头部棕褐色，体各节无黑色瘤突或斑点，初孵幼虫白色，后变为翠绿色。

蔷薇三节叶蜂（幼虫）

危害特点：幼虫取食寄主叶片，叶片常被蚕食殆尽，仅残留主脉或叶柄。且成虫产卵于嫩枝形成棱形伤口而不能愈合，极易被风折枯死，严重影响植株生长、开花，降低观赏价值及商品价值。

4.1.2 榆三节叶蜂 *Arge captiva*

寄主：榆科植物。

鉴别特征：

成虫：体长 9 ~ 12mm，翅展 18 ~ 26mm，雄虫较雌虫稍小。体具金属光泽，头部黑褐色，触角黑色、圆筒形，触角长 6.5 ~ 8.5mm，约等于头部和胸部之和。胸部橘红色，中胸背板橘红色；翅浓烟褐色；足蓝黑色。

幼虫：老熟幼虫体长 20 ~ 27mm，头部黑褐色，体淡黄绿色。虫体各节具 3 排横列的褐色肉瘤，体两侧近基部各具 1 个大褐色肉瘤。臀板黑色。

榆三节叶蜂（幼虫）

榆三节叶蜂（成虫）

危害特点：幼虫以取食叶片的方式危害树木，严重影响树势和景观效果。尤其对白榆、黑榆等榆树，危害严重。

4.2 叶蜂科 *Tenthredinidae*

4.2.1 红黄半皮丝叶蜂 *Hemichroa crocea*

寄主：桤木、桦木属植物、榛属植物、鹅耳枥属植物和柳属植物。

鉴别特征：

成虫：雌虫体长6 ~ 8mm。体红黄色。触角、口器、前胸、中胸腹板、整个后胸、

红黄半皮丝叶蜂（成虫）

腹部第1节背板后缘一部分、足的基节、腿节基部或全部、胫节前端及跗节均黑色。翅淡烟褐色；翅脉黑色，有光泽；翅斑前缘脉及前端具翅脉微带褐色。雄虫体长5～6mm。触角、头部及胸部黑或沥青黑色。痣基片黑色。足腿节前端、胫节或仅其前端红褐色或黄褐色。腹部沥青黑色。翅基部烟褐色，翅痣以外半透明，翅痣后端及中央带褐黄色，前缘脉及前端翅脉带黄色，翅基部翅脉沥青黑色。

幼虫：老熟幼虫体长15～22mm，头黑色，体黄褐色，胸足爪红色。

危害特点：一是第1代幼虫较第2代幼虫危害大，由于寄主植物4月新叶为速长期，叶片大小约为成熟叶的1/2～2/3，叶质较软，第1代幼虫啃食较易，常将叶片食尽，严重影响当年的生长量。反之，由于11月寄主植物已接近落叶休眠期，第2代幼虫食叶后对寄主生长影响较小。二是幼虫危害受天气影响大，4月、11月若气温较高、天气晴好，危害较重，反之较轻。

4.2.2 樟叶蜂 *Mesoneura rufonota*

寄主：香樟。

鉴别特征：

成虫：体长5～9mm，翅展16～18mm。头、触角黑褐色。前胸背板、中胸背板、前盾片、盾片、小盾片、翅基片、中胸前侧片橘黄色。中胸背板发达，具“X”形凹纹。腹部蓝黑色，略有光泽。

樟叶蜂（幼虫）

幼虫：初孵幼虫乳白色，头浅灰。4龄后，胸部及腹部第1、2节背侧上小黑点大而明显。老熟幼虫体长15～18mm，头黑色，有光泽。体浅绿色或黄绿色，多皱纹。胸足黑色。

危害特点：此虫年发生代数多，成虫飞翔力强，所以为害期长，为害范围广。它既为害幼苗，也为害林木。幼苗常被成片吃光，当年生幼苗受害严重的即枯死，幼树受害则上部嫩叶被吃光，形成秃枝。林木树冠上部嫩叶也常被食尽，严重影响树木生长，使寄主植物分叉低，分叉多，枝条丛生。

5 等翅目 *Isoptera*

5.1 白蚁科 *Termitidae*

5.1.1 黑翅土白蚁 *Odontotermes formosanus*

寄主：香樟、松、杉、栎、柏、桉、泡桐、柑橘等。

鉴别特征：

兵蚁：体长约 6mm，乳白色；触角 15 ~ 17 节。上颚镰刀形，左上颚中点前方具一明显的齿，齿尖斜向前；右上颚内缘的对应部位具一不明显微齿。前胸背板背面观元宝状，侧缘尖括号状，在角的前方各具 1 条斜向后方的裂沟，前缘及后缘中央具凹刻。

有翅成虫：体长 27 ~ 29.5mm，翅展 45 ~ 50mm。头胸腹背面黑褐色，腹面棕黄色。触角 19 节。前胸背板中央具 1 处淡色的“十”字纹，纹两侧前方各具 1 个椭圆形淡色点，纹的后方中央具带分支的淡色点。翅长大，前翅鳞大于后翅鳞。整个翅面被微毛，翅中部具棒状突起，前后缘具尖头状乳突。

黑翅土白蚁危害状

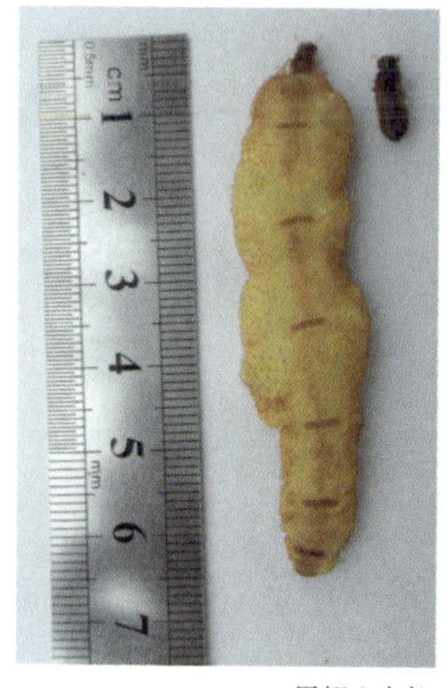

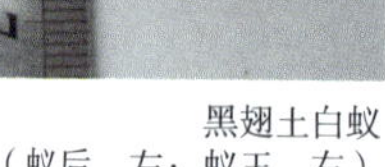

黑翅土白蚁
（蚁后，左；蚁王，右）

黑翅土白蚁（工蚁）

工蚁：体长 4.61 ~ 4.9mm。头黄色，胸腹部灰白色。触角 17 节。囟门呈小圆形的凹陷。

蚁后和蚁王：体长 70 ~ 80mm，宽 13 ~ 15mm。头胸部和有翅成虫相似，但色较深，体壁较硬。蚁王体略有收缩。

危害特点：黑翅土白蚁是一种土栖性害虫。主要以工蚁危害树皮和浅木质层，以及根部，造成被害树干外形成大块蚁路，长势衰退。当侵入木质部后，树干枯萎，极易造成幼苗死亡。黑翅土白蚁采食危害时做泥被和泥线，严重时泥被环绕整个干体周围而形成泥套，其特征很明显。

6 直翅目 *Orthoptera*

6.1 螽斯科 *Tettigoniidae*

6.1.1 日本纺织娘 *Mecopoda elongata*

寄主：桑、柿、核桃、杨等。

鉴别特征：

成虫：体长 50 ~ 70mm，体色有绿色和褐色两种，其体形似侧扁的豆荚。头较小，前胸背侧片基部多为黑色，前翅发达，其宽度超过底部，翅长一般为腹部长度的 2 倍，常具纵列黑色斑。雌虫产卵器弧形上弯，呈马刀状。雄虫的翅脉近于网状，具 2 片透明的发声器，其触须细长如丝状，黄褐色，可长达 80mm，后腿长而大，健壮有力，其弹跳力很强，可将身体弹起，向远处跳跃。

日本纺织娘（若虫）

日本纺织娘（成虫）

危害特点：以成虫、若虫取食寄主植物为主。

6.1.2 日本条螽 *Ducetia japonica*

寄主：柑橘、桃、刺槐等。

鉴别特征：

成虫：体长 21 ~ 32mm，绿色。前翅长度超过后足腿节端部，后翅明显长于前翅。前足胫节下侧内缘具 6 ~ 7 枚刺，所有腿节下侧均具刺。雌虫生殖板三角形，下方具隆起的纵线，产卵管短，向上弯曲。

日本条螽（成虫）

危害特点：以成虫、若虫取食寄主植物为主。

6.2 蝼蛄科 *Gryllotapidae*

6.2.1 东方蝼蛄 *Gryllotalpa orientalis*

寄主：杨、柳、松、柏、海棠、纹母、悬铃木、黑松、龙柏、杉等。

鉴别特征：

成虫：雄虫体长约 30mm，雌虫体长约 33mm。体茶褐色至黑褐色，密被细毛。前翅达到腹部中央，后翅超过腹末端，后足胫节背面内侧具 3 ~ 4 个距。腹部末端具 1 对较长的尾须。

东方蝼蛄（成虫）

危害特点：东方蝼蛄是农林植物重要的地下害虫。若虫在土中活动，取食播下的种子、幼芽或将幼苗咬断致死，受害的根部呈乱麻状。

6.3 蝗科 *Catantopidae*

6.3.1 棉蝗 *Chondracris rosea*

寄主：木麻黄、刺槐、竹类植物、禾本科植物等。

鉴别特征：

棉蝗（成虫）

成虫：雄虫体长 45 ~ 51mm，雌虫体长 60 ~ 80mm，雄虫前翅长 12 ~ 13mm，雌虫前翅长 16 ~ 21mm，体黄绿色，后翅基处玫瑰色。头顶中部、前胸背板沿中隆线及前翅臀脉域生黄色纵条纹。后足股节内侧黄色，胫节、跗节红色。头大，较前胸背板长度略短。触角丝状，向后到达后足股节基部，中段一节长为宽的 3.3 ~ 4 倍。前胸背板具粗瘤突，中隆线呈弧形拱起，具 3 条明显横沟切断中隆线。前胸背板前缘呈角状凸出，后缘直角形凸出。中后胸侧板生粗瘤突。前胸腹板突为长圆锥形，向后极弯曲，顶端几达中胸腹板。前翅发达，长达后足胫节中部，后翅与前翅近等长。后足胫节上侧的上隆线具细齿，但无外端刺。雄腹部末节背板中央纵裂，肛上板三角形，基半中央具纵沟。雌肛上板三角形，中央具横沟。下生殖板后缘中央三角形突出，产卵瓣短粗。

危害特点：若虫、成虫取食寄主植物叶片，造成缺刻，减少光合叶面积，严重时可造成植物尤其是农作物死亡。

6.4 网翅蝗科 *Arcypteridae*

6.4.1 黄脊竹蝗 *Ceracris kiangsu*

寄主：毛竹、刚竹、水竹等。

鉴别特征：

成虫：体色以绿色、黄色为主，额顶突出使额面成三角形，由额顶至前胸背板中央具1条黄色纵纹，愈向后愈宽。触角丝状，复眼卵圆形，深黑色。后足腿节黄绿色，中部具排列整齐“人”字形的褐色沟纹；胫节蓝黑色，具2排刺。

黄脊竹蝗（成虫）

危害特点：跳蝻和成虫取食竹林，竹蝗大发生时，可将竹叶全部吃光，竹林如同火烧，竹子当年枯死，第2年毛竹林很少出笋，竹林逐渐衰败。

6.4.2 青脊竹蝗 *Ceracris nigricornis*

寄主：竹类植物等。

鉴别特征：

成虫：雌虫体长34mm，触角长约27mm；雄虫体长22mm，触角长约18mm。头部及胸部两侧和前胸背板均深绿色，头顶和三角形的颜面部成一锐角。鞭状触角26节，除末端第1—2节稍呈黄褐色外，其余各节均为黑色。后足胫节黑色，具一褐色斑圈，近腿节处具一淡黄斑圈。

青脊竹蝗（成虫）

危害特点：跳蝻和成虫取食竹叶，被害竹叶成纯齿状缺刻，严重时将叶片吃光，竹林一片火烧状，被害新竹常枯死。

6.5 锥头蝗科 *Pyrgomorphidae*

6.5.1 短额负蝗 *Atractomorpha sinensis*

寄主：菊花、一串红、海棠、八角金盘、六月雪、桃叶珊瑚、香樟、栀子花、木槿、桑及禾本科植物等。

鉴别特征：

成虫：雄虫体长 19 ~ 23mm，前翅 19 ~ 25mm；雌虫 28 ~ 35mm，前翅 22 ~ 31mm。体淡绿色、淡黄色或褐色，头锥形，顶端较尖，头顶较短，其长度略长于复眼最长径。颜面颇倾斜，和头成锐角。触角剑状，较短粗。复眼卵形，眼后具 1 列颗粒。前胸背板前缘平直，后缘钝圆形，具数个颗粒，中、侧隆线均明显，后横沟位于中后部。侧片后下角钝角形，向后突，后缘具膜区。前翅超过后足股节，翅顶较尖，顶端长度为翅长的 1/3。前翅略长于后翅。后足股节外侧下隆线向外突出。雄性下生殖板顶端近圆形，肛上板三角形。雌性产卵瓣粗短，上缘具细齿。

若虫：初孵若虫体淡绿色，体上具白色疣状突起。复眼黄色。前、中足褐色，布紫红色斑点。

危害特点：蝗蝻和成虫取食寄主植物叶片。

短额负蝗（成虫）

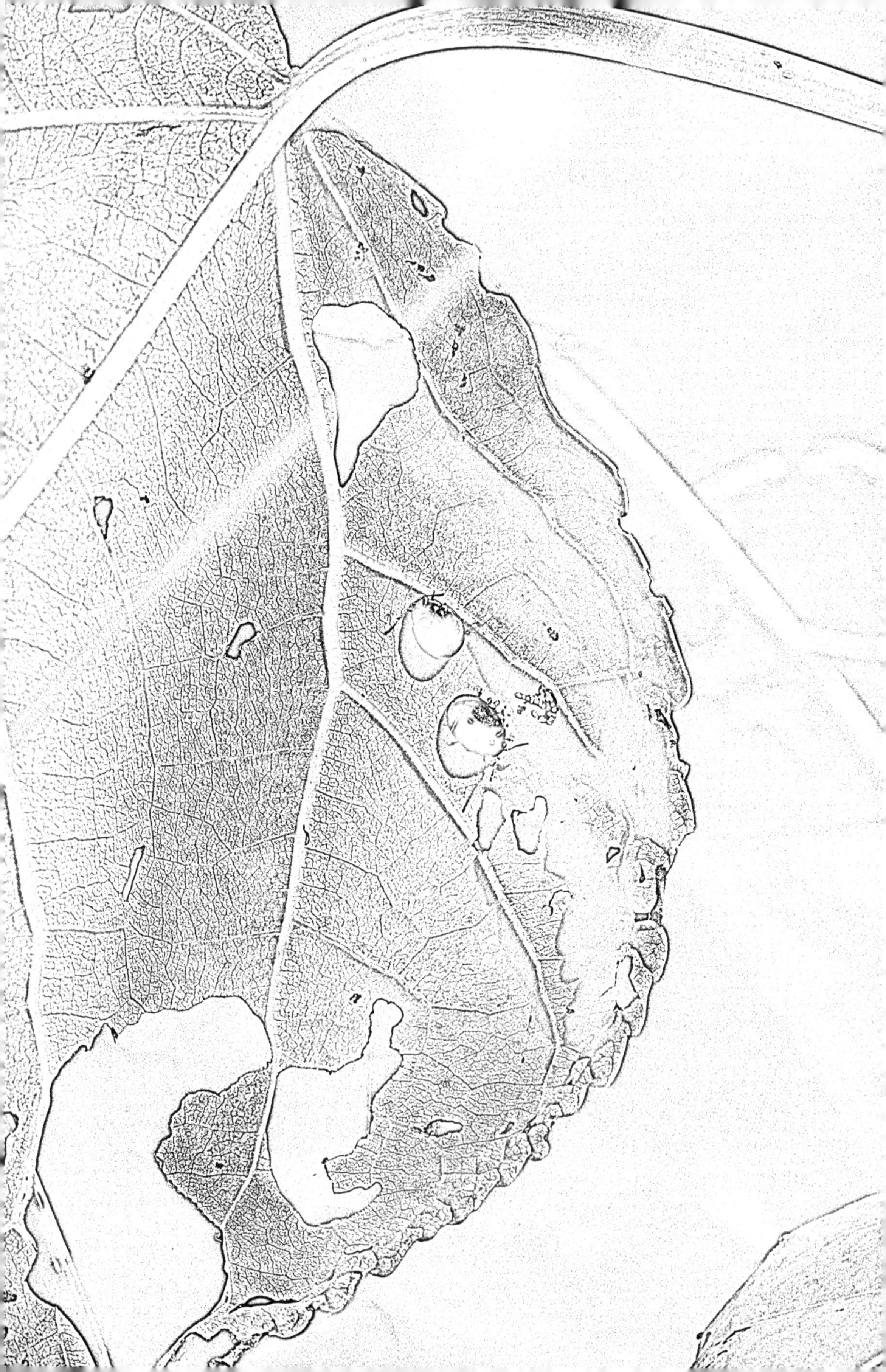

镇江市林业病害

7 针叶树病害

7.1 松材线虫病

病原：松材线虫 *Bursaphelenchus xylophilus*

症状：松材线虫通过松墨天牛补充营养的伤口进入木质部，寄生在树脂道中。在大量繁殖的同时移动，逐渐遍及全株，并导致树脂道薄壁细胞和上皮细胞的破坏和死亡，造成植株失水，蒸腾作用降低，树脂分泌急剧减少甚至停止。所表现出来的外部症状是针叶陆续变为黄褐色乃至红褐色，萎蔫，最后整株枯死。

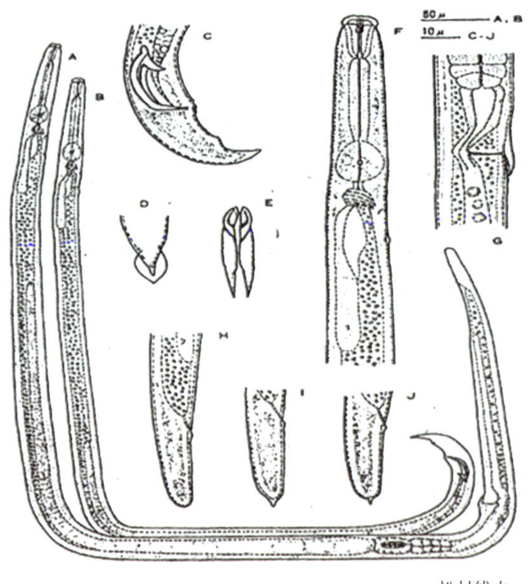

松材线虫

感病马尾松

发病规律：在镇江地区松墨天牛每年发生1代。于5月下旬至6月上旬羽化。从罹病树中羽化出来的天牛几乎100%携带松材线虫。天牛体中的松材线虫均为耐久型幼虫，主要在天牛的气管中，一只天牛可携带上万条，多者可达28万条。2月份前后分散型松材线虫幼虫聚集到松墨天牛幼虫蛀道和蛹室周围，在天牛化蛹时分散型幼虫脱皮变为耐久型幼虫，并向天牛成虫移动，从气门进入气管，这样天牛从羽化孔飞出时就携带了大量线虫。当天牛补充营养时，耐久型幼虫就从天牛取食造成的伤口进入树脂道，然后脱皮形成成虫。感染松材线虫病的松树往往是松墨天牛产卵的对象，翌年松墨天牛羽化时又会携带大量的线虫，并"接种"到健康的松树上，导致病害的扩散蔓延。

7.2 杉木赤枯病

病原：顶枯拟盘多毛孢 *Pestalotiopsis apiculatus*

症状：主要为害幼苗。一般下部枝叶先发病，感病叶初仅出现褐色小斑点，不断扩大使全叶暗黑色枯死，病叶不断向植株上部蔓延，引起整株枯死。潮湿时病叶上出现黑绿色霉点。绿色主茎感病后产生褐色小溃疡斑，环绕小枝一周后，病斑以上枝叶枯死，变成赤褐色。主茎溃疡斑大多从病死的枝叶蔓延而来，扩展较慢，轻者形成凹陷沟状斑，重者上部主茎枯死，病斑下面的木质部腐朽，易风折。

发病规律：病菌以菌丝体和分生孢子在被害针叶组织内越冬。借风雨传播。由灼伤组织或垂死组织侵入。影响病害发生和流行的因素：地下水位过高，沙土或重黏土，氮肥过多，苗木太嫩，苗床未及时遮荫，或遮荫时期太久，苗木生长纤黄，抗病能力减弱。这些情况下，苗木均易发病。苗木以盛夏季节病重。

7.3 杉木炭疽病

病原：围小丛壳菌 *Glomerella cingulata*

症状：该病在4—5月发生，为害新老针叶和嫩梢。开始叶尖变褐或生不规则形斑点，逐渐向下扩展，使全部针叶变褐枯死，并可延及嫩梢，使嫩梢变褐枯死。在老枝上，通常只危害针叶，茎部较少受害。枯死的病叶两面生有黑色小点状分生孢子盘，高湿气候下出现粉红色孢子堆。

发病规律：病菌以菌丝在病组织内越冬。分生孢子由风雨传播。在自然条件下有潜伏侵染现象，即秋季侵染，至次年春才发病，一般 4 月初开始发病，4 月下旬至 5 月上旬为盛期，6 月以后停止。到秋季黄化的新梢，又有少量发病。浅山丘陵地区，由于土壤瘠薄，粘重板结，透水不良或低洼积水，营造杉木因根系发育不良，发生黄化现象后，最易感染炭疽病。

7.4 杉木细菌性叶斑病

病原：杉木假单胞杆菌 *Pseudomonas cunninghamiae*

症状：该病为害杉木针叶和嫩梢。在新针叶上，开始生针头状小褐点，周围有淡黄色晕圈。后病斑扩大成圆形或不规则形，中心常破裂，周围淡黄色水渍状，进一步使针叶成段变褐，两端有黄褐色晕圈。老叶上病斑为暗褐色，中心灰褐色。嫩枝上病斑呈梭形，晕圈不明显，病斑相连后，嫩梢变褐枯死。

发病规律：病菌在活针叶的病斑内越冬，次年细菌从病斑处溢出，由雨水传播，从伤口和气孔侵入，潜育期 5 ~ 8 天。4 月下旬开始发生，6 月为发病高峰，7 月以后基本停止，秋季又继续发展，但比春季轻。由于杉木枝叶交错，能相互刺伤，故林缘、道旁和风口处，容易造成伤口，病害常较严重。

7.5 水杉赤枯病

病原：巨杉尾孢菌 *Cercospora sequoiae*

症状：此病一般从下部枝叶开始发病，逐渐向上发展蔓延，严重发生时导致全株枯死。感病枝叶，初生褐色小斑点，后变深褐色，小枝和枯枝变褐枯死。病害可引起绿色小枝形成下陷的褐色溃疡斑，包围主茎，导致上部枯死；或不包围主茎，但溃疡斑长期不能愈合，随着主茎生长，溃疡斑深陷主干，形成沟腐，幼树基干部产生不规则凹沟，成为畸形。在潮湿条件下，病斑产生黑色小点，为病原菌子实体。

发病规律：病菌以菌丝体在寄主组织中越冬。翌年 4—5 月产生分生孢子，借风雨传播，萌发后从气孔侵入，形成初侵染。大约 20 天左右出现症状，进行再侵染。一个生长季内，分生孢子可多次重复侵染。高温多雨有利于病害大发生，梅雨季节常形成发病高峰，秋季 9 月形成第 2 次高峰。此病主要危害 1 ~ 4 生的幼树。

水杉赤枯病

8 常绿阔叶乔灌木病害

8.1 茶花炭疽病

病原：胶孢炭疽菌 *Colletotrichum gloeosporioides*

症状：该病发生于山茶、茶梅等的叶部，主要发生在成叶或老叶上。病斑近圆形或不规则形，呈水渍状，初为暗绿色，最后变黄褐色或红褐色。病斑上生有细小的黑色粒点。病斑大小不一，有的可扩大到叶片的1/2以上，边缘有黄褐色隆起线，与健全部分界限明显。发病后叶部出现病斑，影响光合作用，造成早期落叶，使植株长势衰弱，且有碍观赏。

发病规律：该病的病原属真菌中的子囊菌类，以菌丝体在病叶中越冬。第2年春，当气温上升到20℃左右时，病菌产生分生孢子，借风雨传播，遇雨天，空气湿度大时孢子萌发，侵入叶片组织。通过反复侵染，病势扩展加剧。病菌生长发育的适宜温度为25℃左右。一般5、6月间开始发病，7月初达盛期，9月以后逐渐停止发病。

8.2 大叶黄杨叶斑病

病原：坏损假尾孢 *Pseudocercospora destructive*

症状：病害发生在新叶上，产生黄色小斑点后扩展成不规则的大斑，病斑边缘隆起，褐色边缘较宽。隆起的边缘外有延伸的黄色晕圈，中心黄褐色或灰褐色，上面密布黑色小点。危害严重时，造成黄杨提前落叶，形成秃枝，影响观赏，甚至造成死亡。叶斑病具有传染性，发现后应及时施药。

发病规律：病菌以菌丝或子座在病组织内越冬，病残植株为潜伏场所。一般于 7 月初开始发病，8—9 月为危害高峰期，11 月后基本停止发病。病害发生除与温度有一定关系外，主要与当年降雨情况和大气湿度相关。在有介壳虫危害时，此病发生严重。

8.3 杜鹃白粉病

病原：属于子囊菌亚门核菌纲白粉菌目。

症状：为害嫩叶、嫩枝及花朵。初期病部出现褪绿斑点，以后逐渐变成白色粉状物或遍布白粉层，即病菌无性世代的分生孢子，后期在白粉层上产生针状大小的颗粒状物，颜色也逐渐变成褐色或深褐色。

杜鹃白粉病

发病规律：病原白粉病是由子囊菌亚门白粉菌属的真菌引起的一种常见病。该病原菌为专性寄生菌。绝大多数白粉病菌丝寄生在寄主表面，以吸器伸入寄主表皮细胞内吸取养分，并与分生孢子一起在寄主组织表面形成白色粉霉状、圆形至不规则形病斑，后期在菌丝体上还会出现深褐色小颗粒（即闭囊壳）。借助气流传播和蔓延。在生长期内，只要环境适宜，可多次再侵染。而分生孢子是再侵染的来源，而在有病落叶上越冬的闭囊壳释放的子囊孢子则是翌年初侵染的来源。

8.4 构骨冬青煤污病

病原：*Capnodium* sp.

症状：树木的叶片和嫩枝甚至花苞、果实上覆盖一层黑色煤烟状物，是病菌的菌丝和繁殖器官，煤烟层上常伴有蚜虫、蚧壳虫、粉虱、木虱及它们分泌的黏滴。此煤烟物可用手擦掉，有的后期可自行脱落。叶片覆盖黑色煤炱状霉层后，降低光合作用，叶色黄化，生长势下降，严重危害时树木逐渐枯萎。

发病规律：病菌在病残体上越冬，也可在虫体上越冬。有风和昆虫传播，病菌菌丝附着在寄主表面。高温多湿、通风不良或者蚜虫、介壳虫等分泌蜜露，害虫发生多时，均加重发病。

8.5 桂花褐斑病

病原：木犀生尾孢菌 *Fungi imperficti*

症状：症状多发于叶片，大多从叶尖和叶缘向整个叶片发展。桂花树发生初期在叶上出现一些小黄斑，散生，逐渐变为黄褐色至灰褐色的近圆形斑，或受叶脉限制而呈不规则形斑，直径 2 ~ 3mm，没有明显边缘。外缘有一黄色晕圈。在叶片正面产生大量细小的灰黑色霉点。病斑可相互汇合成大斑，导致叶片枯死。

桂花褐斑病

发病规律：病菌以菌丝块在病叶和病落叶上越冬，次年在温度、湿度适宜时即侵染发病，并产生分生孢子，然后再侵染发病。病菌以气流和水滴传播。老叶发病较嫩叶为重，生长衰弱和当年移栽的植株容易发病。桂花不同品种对褐斑病的抗菌力互有差别，丹桂类抗病力强于金桂和银桂类品种。

8.6 桂花煤污病

病原：煤炱属 *Capnodium*、小煤炱属 *Meliolales*

症状：被害部分覆盖一层黑色煤炱状物。因病菌种类不同，引起症状各有差异，如煤炱属的煤炱为黑色薄纸状，易撕下或自然脱落；刺盾炱属的霉层似锅底灰，若用手指擦拭，叶色仍为绿色；小煤炱属的霉层呈辐射状小霉斑，分散于叶面及叶背，由于其菌丝产生吸孢，能紧附于寄主表面，故不易脱落。煤污病严重时，浓黑色的霉层盖满全树的成叶及枝干，阻碍叶片的光合作用，抑制新梢生长，病叶变黄萎，提早落叶，降低观赏价值和鲜花产量。

桂花煤污病

发病规律：病菌大部分种类以蚜虫、蚧虫和粉虱等害虫的分泌物为营养，因此这些害虫的存在是本病发生的先决条件，并随这些害虫的活动程度而消长；但小煤炱属引起的煤污病与昆虫关系不大，因它是一种纯寄生菌。煤污病主要在高温、潮湿的气候条件下蔓延危害，病菌孢子借风雨传播，也可随昆虫传播。在栽培管理粗放和荫蔽、潮湿的园林中常造成严重危害。

8.7 桂花炭疽病

病原：胶孢炭疽菌 *Colletotrichum gloeosporioides*

症状：发病初期，茎叶上产生圆形或者椭圆形病斑，呈紫褐色，病斑生有黑色小点。发病后期，在潮湿环境条件下，小黑点上会出现桃红色的黏状物，是病菌分生孢子与黏液混合物。该病害会造成叶子枯萎凋谢，严重影响桂花的观赏性。

桂花炭疽病

发病规律：病菌以菌丝和分生孢子盘在病叶和残体上越冬，分生孢子借风雨传播，从伤口侵入。

8.8 桂花叶枯病

病原：木犀生叶点霉 *Phyllosticta osmanthicola*

症状：在叶片的叶缘、叶尖发生。开始为淡褐色小点，后渐扩大为不规则的大型斑块，若几个病斑连接，全叶便干枯 1/3 ~ 1/2。病斑灰褐色至红褐色，有时脆裂，边缘色深，稍隆起，后期病部散生很多小黑点，病斑背面颜色较浅。

桂花叶枯病

发病规律：病菌以菌丝或分生孢子器在病叶、病落叶中越冬，分生孢子借风雨传播。病菌发育最适温度为 27℃左右。盆栽场所潮湿闷热、通风不良时，或植株生长衰弱时都会病重。病害在经冬后的老叶上发生较多。植株下部叶片发生较多。

8.9 夹竹桃叶斑病

病原：夹竹桃柱隔孢 *Ramularia nerii-indici*

症状：发病初期，叶片正面散生针尖大小灰白色，圆形斑点，扩大后渐变成灰白色至褐色圆形病斑，直径 0.5 ~ 15（或 20）mm，病斑边缘有浓绿色或深褐色晕圈，叶背病斑与叶正面相似，但晕圈较浅而不明显。严重时，病斑连片成不规则形，导致叶片枯黄、脱落。潮湿条件下，病斑背面生灰白色霉状物。

夹竹桃叶斑病

发病规律：该病在陆地栽培的夹竹桃上发生较少，一般在每年 5—7 月零星发生，8—10 月发生严重，病叶率达 21.4% ~ 39.5%。而在温室和庭室栽培中，多在 2—4 月、10—12 月低温高湿的条件下，出现明显症状；5—8 月因气候干燥、高温，仅在叶面出现褐色病斑，发病叶片多出现于植株中下部，病叶率达59.3%；严重时，下部叶片枯萎、黄化而脱落。

8.10 女贞褐斑病

病原：素馨生棒孢 *Corynespora jasminiicola*

症状：女贞褐斑病主要危害女贞的叶片，叶片上病斑褐色，近圆形，轮纹明显或不明显，边缘紫色，有时中心淡褐色，初期病斑较小（4～10）mm×（3～7）mm，扩展后病斑直径可达（10～19）mm×（6～16）mm，有时数个病斑融合成不规则形大斑，罹病叶片易脱落，亦可侵害嫩枝，形成褐斑。

女贞褐斑病

发病规律：植物生长茂密，天气潮湿或湿度大时易发此病害，植物基部接近地面的叶片发病重。

8.11 女贞煤污病

病原：柳煤炱菌 *Capnodium salicinum*

症状：小叶女贞煤污病发生在小叶女贞叶片上，严重时蔓延到芽、枝干上，病斑初期为黄褐色，上覆盖黑色霉层，后期霉层覆盖密实，引起植物组织枯萎。

女贞煤污病

发病规律：病菌以菌丝，分生孢子，子囊孢子在寄主植物病残体上越冬。当叶片表面有灰尘，蚜、蚧等蜜露或分泌物时，病原菌即侵染为害，可反复侵染，以4—7月和9—11月严重。

8.12 女贞叶斑病

病原：女贞叶点霉 *Ligustrum japonicum*

症状：主要为害叶片，叶上病斑圆形至近圆形，大小 2～6mm，中央浅褐色，四周边缘色深，病斑上有时生少量褐色小点，即病原菌的分生孢子器。

女贞叶斑病

发病规律：病菌以分生孢子器在病叶上越夏或越冬，翌春条件适宜时产生分生孢子进行初侵染和再侵染。多雨或湿度大利其发病。

8.13 枇杷叶斑病

病原：枇杷叶点霉 *Phyllosticta eriobatryae*

症状：专门为害枇杷叶片，叶上病斑初期为赤褐色小点，后扩大成圆形，中央为灰黄色，外缘呈灰棕色或赤褐色。许多病斑往往连成一大块，呈不规则形，使病叶局部或整张枯死。后期在病斑上长出许多小黑点，轮纹状排列，但有时散生。这些小黑点就是斑点病的分生孢子器。

枇杷叶斑病

发病规律：枇杷叶斑病主要以分生孢子及菌丝体在病叶或病果的残体上越冬，在温暖多湿的环境中容易发生。一年多次侵染，多雨季节是斑点病盛发期。在长江中下游产区，3 月中、下旬至 7 月中旬，9 月上旬至 10 月底，都是此病的迅速蔓延发展期。梅雨季节，在土壤贫瘠、排水不良、管理不善、生长较差的果园更易发病。此病多从嫩叶的气孔或果实的皮孔及伤口入侵。

8.14 洒金桃叶珊瑚焦枯病

病原：未知。生理性病害。

症状：发生在夏季，由太阳过度照射引起。受害部位是嫩梢和叶片，通常多为中上部叶片。叶片从尖端开始变黑色枯焦，枯焦部位可多达叶片的一半甚至全部。焦枯病常与炭疽病同时发生，判断两种病害的重要依据是，焦枯病使同一块地几乎所有叶片同时受害，而由病原菌引起的病害有明显的发病中心。焦枯病叶片病斑均匀一致，没有轮纹，没有小黑点。

洒金桃叶珊瑚焦枯病

发病规律：洒金桃叶珊瑚极耐阴，夏季不耐太阳连续直射。因此，如种植不当，夏季易发生大面积叶片灼伤的情况。

8.15 十大功劳白粉病

病原：单丝壳菌 *Sphaertthear Pannese*

症状：发病部位为叶，明显的特征是整个叶面出现白色粉状物。生长季节感病部位出现白色的小粉斑，逐渐扩大为圆形或不规则的白粉斑，严重时白粉斑相互连接成片。

十大功劳白粉病

发病规律：病原菌以菌丝体在叶中越冬。翌年病菌随芽萌发而开始活动，侵染幼嫩部位，产生新的病菌孢子，借助风力等方式传播。春季以 5 至 6 月份发生较多，秋季以 9 至 10 月份发生较多。夜间温度较低（15 ~ 16℃）、相对湿度较高有利于孢子萌发及侵入；白天气温高（23 ~ 27℃）、湿度较低（40% ~ 70%）则有利于孢子的形成及释放。

8.16 石楠煤污病

病原：*Capnodium* sp.

症状：树木的叶片和嫩枝上覆盖一层黑色煤烟状物，是病菌的菌丝和繁殖器官，煤烟层上常伴有蚜虫、蚧壳虫、粉虱、木虱及它们分泌的黏滴。此煤烟物可用手擦掉，有的后期可自行脱落。叶片覆盖黑色煤炱状霉层后，降低光合作用，叶色黄化，生长势下降，严重危害时树木逐渐枯萎。

石楠煤污病

发病规律：病菌在病残体上越冬，也可在虫体上越冬。由风和昆虫传播，病菌菌丝附着在寄主表面。高温多湿、通风不良，蚜虫、介壳虫等分泌蜜露，害虫发生多等情况均会加重发病。

8.17 石楠炭疽病

病原：胶孢炭疽菌 *Colletotrichum gloeosporioides*

症状：红叶石楠叶片感染炭疽病菌，发病时可见褐色病斑，其上呈明显的同心轮纹，病斑边缘常为红色。扦插小苗受害后茎杆变黑，死亡。

石楠炭疽病

发病规律：该病的病原属真菌中的子囊菌类，以菌丝体在病叶中越冬。第 2 年春，当气温上升到 20℃左右时，病菌产生分生孢子，借风雨传播，遇雨天，空气湿度大时孢子萌发，侵入叶片组织。通过反复侵染，病势扩展加剧。病菌生长发育的适宜温度为 25℃左右。一般 5、6 月间开始发病，7 月初达盛期，9 月以后逐渐停止发病。

8.18 石楠叶斑病

病原：小孢拟盘多毛孢菌 *Pestalotiopsis microspora*

症状：该病原菌主要危害红叶石楠的嫩叶。每年 4 月上旬，小孢拟盘多毛孢开始侵染春梢的嫩叶叶尖或叶缘，致使叶片迅速枯死，形成褐色、不规则病斑，病害严重时多个病斑汇合成一个大的枯死斑。病健交界处有宽度约为 1mm 的红褐色边圈，后期褐色枯死部分正反两面均可见轮纹，轮纹明显或不明显，病叶变老后病害停止发展，病死部分不脱落。

石楠叶斑病

发病规律：病原菌在病叶中越冬，翌年 3 月下旬至 4 月上旬，在环境条件适宜的情况下，可在病叶上产生黑色小点粒，即分生孢子盘。病害可随着红叶石楠枝梢的生长进行初次侵染，之后该病害会再次侵染，一年中在 4—5 月、7—8 月、9—10 月各有一个发病高峰，其中 7—8 月份发病最为严重，10 月下旬至 11 月病害停止发展。

8.19 香樟炭疽病

病原：无性阶段为胶孢炭疽菌（*Colletotrichum gloeosporioides*）。有性阶段为围小丛壳菌（*Glomerella cingulata*）。

症状：该病为害枝干、叶片和果实，症状主要特征是枯梢。幼嫩枝干上的病斑开始时为圆形或椭圆形，大小不一，初为紫褐色，渐变为黑褐色，病部稍下陷，以后病斑连结融合，若绕枝条一圈，枝条上部变黑干枯，重病株病斑沿主干向下蔓延，最后整株死亡。叶片、果实上的病斑圆形，

香樟炭疽病

融合后呈不规则形，暗褐色至黑色，嫩叶皱缩变形，潮湿天气，在病嫩茎、病叶上常看到淡桃红色的点状物，此为病菌的分生孢子盘。春夏之交，病部有时长出球形黑色小点，此为病菌的子囊壳。

发病规律： 病菌以菌丝、分生孢子盘或子囊壳在病株枝梢或脱落的病枝、叶果上越冬。第2年春，当气温上升到18℃左右时，病菌产生分生孢子，借风雨传播。遇阴雨天气，空气湿度大时，飘落在枝、叶上的孢子萌发，通过伤口、自然孔口或直接侵入植株组织细胞内，10天左右就会出现病害症状。每年的发病期5—10月，以7—9月最严重。雨日长、雨水多、温度高、台风频繁的年份病害扩展迅速，最易流行，这是因为台风吹打造成大量伤口，有利病菌侵入，台风夹雨有助于病菌传播更远的距离。土壤干旱，砂质贫脊，发病较多。造林密度小、林分难以郁密的比造林密度大、能及时郁密的林分发病重。

8.20 香樟叶斑病

病原： 果生刺盘孢 *Colletotrichum fructicola* 暹罗刺盘孢 *Colletotrichum siamense*

症状： 该病菌导致香樟叶片具褐色坏死斑点1～2mm，常两个至多个相互连接形成不规则病斑，遍布于整个叶片，严重影响香樟的正常生长。

香樟叶斑病

发病规律： 病菌以分生孢子器在病叶上越夏或越冬，翌春条件适宜时产生分生孢子进行初侵染和再侵染。多雨或湿度大利其发病。

8.21 杨梅褐斑病

病原：座囊菌 *Mycosphacrcalla myricac*

症状：主要为害叶片，初期在叶面上出现针头大小的紫红色小点，以后逐渐扩大为圆形或不规则形病斑，中央呈浅红褐色或灰白色，边缘褐色，直径 4 ~ 8mm。后期在病斑中央长出黑色小点，是病菌的子囊果。当叶片上有较多病斑时，病叶就干枯脱落，受害严重时全树叶片落光，仅剩秃枝，直接影响树势、产量和品质。

杨梅褐斑病

发病规律：病菌以子囊果在落叶或树上的病叶中越冬，次年 4 月底至 5 月初，子囊果内的子囊孢子成熟，下雨后释放出来的子囊孢子借风雨传播蔓延。子囊果散发子囊孢子的时间较长，从 5 月中旬到 6 月下旬，在病叶中均可查到子囊孢子。该病菌侵入叶片组织后，潜伏期可达 3 ~ 4 个月，在 7—8 月高温干旱时停止蔓延，8 月下旬出现新病斑，9—10 月病情加剧，并开始大量落叶。该病一年发生 1 次，无再次侵染。

8.22 油茶煤污病

病原：新煤炱 *Neocapnodium* sp.

症状：受害油茶树枝叶上产生黑色煤尘状菌苔。叶上菌苔最初常在叶片正面沿主脉产生，然后逐步扩及全叶以至叶的背面，并且逐渐增厚，厚度可达 0.5mm。菌苔表面粗糙，或呈绒毯状。在病菌分生孢子器盛发阶段，可见密生的鬃毛状突起物，高可达 1mm。在缺乏营养或环境不适的条件下，菌苔收缩干裂，可自叶面剥离。小枝上菌苔形态相同。有的煤污病的菌苔，

油茶煤污病

初在叶正面呈黑色圆形霉点，后扩展成不规则形，或互相汇合覆盖整个叶面。

发病规律：煤炱菌是植物枝叶表面的腐生物，由于阻碍植物的光合作用而使植物受害。它们主要以蚧类、蚜虫、粉虱等害虫的分泌物为营养来源，有时也可利用植物本身的分泌物。因此，在这些害虫为害的林分中，常同时发生煤污病。油茶煤污病经常流行于海拔 300 ~ 600m 的林分中，低山丘陵地区虽也常有发生，但一般不太严重。此外，林分密度过大以及处于阴坡和山窝等处的林分也较易发病。

8.23 油茶炭疽病

病原：围小丛壳菌 *Glomerella cingulata*

症状：果实、枝梢、叶片均可发病。果实上的典型病斑为黑褐色或棕褐色圆斑。初期，果面上出现红褐色小点，后扩大，变为褐色至黑褐色，后期的病斑上轮生小黑点，为病菌的分生孢子盘。雨后，露水浸润和湿度大时，产生粉红色颗粒状、粘质的分生孢子堆。一果可有一至十余个病斑，病斑扩展后可联合。嫩叶病斑多发生在叶间、叶缘，半圆形或不规则形，黑褐色，常有不规则轮状细皱纹，边缘紫红色。老叶病斑下陷，褐色，有时黑褐色，亦常有不规则、较稀轮纹，病斑边缘紫红色。春季嫩梢上病斑多在基部，呈舌状或椭圆形，褐色至黑褐色。夏、秋季以树基、树干、大枝上不定芽萌发梢的病斑占多数，症状同上，部位以中部居多。在 2、3 年生枝条上病斑为梭形、下陷的溃疡斑。大枝和树干上为轮枝状大型病斑，由外向内逐层下陷，木质部灰黑色。

油茶炭疽病

发病规律：林内湿度大的中等密度林内，如连季套种高秆作物，有利于病害发展。

8.24 竹丛枝病

病原：竹丛枝瘤痤菌 *Balansia take*

症状：发病初期，少数竹枝发病。病枝春天不断延伸多节细弱的蔓枝。每年 4—6 月间，病枝顶端鞘内产生白色米粒状物，大小为 5 ~ 8 × 3mm。有时在 9—10 月间，新生长出来的病枝梢端的叶鞘内，也产生白色米粒状物。病株先从少数竹枝发病，数年内逐步发展到全部竹枝。

发病规律：推测可能是接触传染。病害的发生是由个别竹枝发展至其他竹枝，由点扩展至片。有时从多年生的竹鞭上长出矮小而细弱的嫩竹。本病在老竹林及管理不良、生长细弱的生林容易发病。4 年生以上的竹子，或日照强的的地方的竹子，均易发病。

竹丛枝病

8.25 竹煤污病

竹煤污病

病原：竹煤污病是由煤炱目和小煤炱目的多种真菌危害引起的。这两个目的真菌都属于子囊菌亚门，核菌纲，但它们之间的寄生性不同。

症状：煤炱目的真菌系植物枝、叶表面的腐生菌，以介壳虫、蚜虫、粉虱等昆虫的分泌物为营养来源，有时也能利用植物本身的分泌物。它在叶片表面形成一片墨褐色的、表面粗糙的、厚薄不均匀的菌苔，严重时整个叶片的小枝被菌苔覆盖，以致影响竹子的光合作用。菌苔在缺乏营养或环境不适的条件下，收缩干裂，可自行从叶面剥离。小枝上的症状与叶片上的症状相似。小煤炱目的真菌是植物叶片上的专性寄生菌，菌丝表生、黑色，以吸器伸入寄主的表皮细胞内吸取养分，故在叶片表面通常呈黑色圆形霉点，后扩展成不规则形或相互连接成一片，覆盖在叶上表面。

发病规律：病菌借风雨和昆虫传播，常在春秋两季发病。竹煤污病的发生常与竹林管理不善、竹林密度过大、竹子生长细弱及蚜虫、介壳虫的为害有密切关系。

8.26 竹叶枯病

病原：戴氏链格孢 *Alternaria dianthi*

症状：主要危害叶片、茎、花梗，花蕾和花瓣也可受害。多从下部叶片开始发病，初为淡绿色水渍状小圆斑，以后扩大成紫色或褐色，中央灰白色的近圆形或椭圆形斑，直径 4 ~ 5mm。叶部病斑愈合成片，可使整片叶子枯死。病部产生粉状黑色霉层，为病原菌的分生孢子梗和分生孢

竹叶枯病

子。茎部病斑多在节上发生，灰褐色。病斑可进一步发展，环割茎部使上部叶片枯死，花蕾上病斑圆形，黄褐色水渍状。

发病规律：病菌以菌丝体的分生孢子在土壤病残株上越冬。分生孢子靠风雨、灌溉水飞溅传播。从伤口、气孔直接侵入。温室或保护地栽培，在湿度大的条件下可终年发生危害。

8.27 竹叶锈病

病原：*Puccinia* spp.

症状：可侵染成竹、幼苗，叶上不产生坏死性病斑，而在叶背面产生黄褐色突起的孢子堆；叶片褐色、失绿，严重时叶片萎蔫、卷曲、下垂、生长不良。

竹叶锈病

发病规律：通常在5—8月发生，竹苗密集、湿度大的圃地较严重，有叶锈病的苗圃往往伴随黑痣病、煤污病的发生。成年竹林叶锈病的发生往往是幼苗锈病的继续。

9 落叶阔叶乔灌木病害

9.1 白檀煤污病

病原： 由小煤炱目的多种真菌危害引起。

症状： 小煤炱目的真菌是植物叶片上的专性寄生菌，菌丝表生、黑色，以吸器伸入寄主的表皮细胞内吸取养分，故在叶片表面通常呈黑色圆形霉点，后扩展成不规则形或相互连接成一片，覆盖在叶上表面。

发病规律： 煤污病病菌以菌丝体、分生孢子、子囊孢子在病部及病落叶上越冬，翌年孢子由风雨、昆虫等传播。蚜虫、介壳虫等昆虫的分泌物及排泄物遗留在植物上。影响光合作用，高温多湿、通风不良及蚜虫、介壳虫等分泌蜜露等情况下害虫发生多，均加重发病。

白檀煤污病

9.2 杨叶锈病

病原： 马格栅锈菌 *Melampsora magnu siana*、杨栅锈菌 *M. rostrupii*

症状： 病害发生于叶、叶柄、芽及幼枝等部位。叶上病斑圆形，针头呈黄豆大小，多数散生，黄色粉状。叶柄及嫩枝上病斑椭圆至梭形。自早春放叶起至秋冬落叶止，均可发病。受侵染的冬芽，早春萌动时间一般较健康芽早 2 ~ 3 日。冬芽展叶时的症状因侵染程度不同而异。如被侵染严重，往往不能正常放叶。未展开的嫩叶为黄色夏孢子粉所覆盖，不久即枯死。感染较轻的冬芽，开放后嫩叶皱缩、加厚、反卷，表面密布夏孢子堆，像一朵黄花。轻微感染的冬芽可正常开放，嫩叶两面仅有少量夏孢子堆。有时，同一芽放出的叶中，仅个别发病。受侵染的冬芽数量一般很少，即使在严重发病的地块上也很少超过总芽数的 0.2%。

发病规律：病菌以菌丝状态在冬芽内越冬。春季，受侵冬芽开放时即形成大量夏孢子堆，成为当年侵染的主要来源。嫩梢病斑内的菌丝体也可越冬形成夏孢子堆。夏孢子萌发适温在 15℃ ~ 20℃，超过 30℃即停止萌发。因此发病高峰期恰与夏初杨树的生长高峰相吻合。这时不仅气温适于夏孢子萌发，而且具有大量易受侵染的幼嫩叶片。夏季高温、高湿期间，大量的锈斑（夏孢子堆及其相邻叶组织）为枝孢属（Cladosporium）、交链孢属（Alternaria）和单端孢属（Trichothecium）真菌所侵入，有活力的夏孢子大量消失。所以当秋季适宜于夏孢子萌发的气温和幼嫩叶片再次出现时，病害虽较高温季节有所回升，但其流行的势头已远不如夏初季节。

9.3 板栗炭疽病

病原：胶孢炭疽菌 *Colletotrichum gloeosporioides*

症状：后期病斑边缘会生有小黑点即病原菌的分生孢子盘，中央为灰白色。枝干受害后，呈圆形黑色病斑且较光滑，失水后下陷腐烂，易遭风折，后期会逐渐枯死。受害芽病部有褐色腐烂状。果实受害多从顶部开始出现症状，最初出现圆形黑褐色病斑，形成“黑尖果”，果肉干腐皱缩。

发病规律：病菌以菌丝体在植株的病叶上越冬。次年 4 月间当气温上升至 20℃以上，相对湿度在 80% 以上时，病斑上产生孢子。孢子借雨水传播，病害潜育期一般为 5 ~ 7 天，长的达 15 ~ 20 天，只要条件适宜，可以反复传染。阴湿多雨是病害大发生的主要条件，高温干旱不利于病害的发生。以春、秋发生为重。

9.4 乌桕叶斑病

病原：尾孢霉菌属真菌 *Cercospora* sp.

症状：发病初期叶片上出现小病斑，中央浅褐色，边缘色深，其上散生小霉点。发生严重时，叶片布满病斑，常常几个小斑合成大块枯斑。导致寄主叶片枯黄，提早落叶，影响绿化美化景观。

乌桕叶斑病

发病规律：病菌以菌丝和分生孢子器在寄主病残体上和土壤中越冬。翌年春季分生孢子器产生孢子，借风雨等传播，可多次侵染。5—6 月气温（26℃左右）适宜时发病重。秋季多雨、土壤湿度大、通风不良和高温多露条件下发病更严重。秋后随着气温下降，病情逐渐减轻直至停止发病。

9.5 枫香角斑病

病原：丁香假单胞菌 *Pseudomonas syringae*

症状：叶、叶柄、嫩枝、花梗和幼果均可受害，但主要为害叶片。发病初期叶表面出现红褐色至紫褐色小点，逐渐扩大成圆形或不定形的暗黑色病斑，病斑周围常有黄色晕圈，边缘呈放射状，病斑直径约 3 ~ 15mm。后期病斑上散生黑色小粒点，即病菌的分生孢子盘。严重时植株下部叶片枯黄，早期落叶，致个别枝条枯死。

枫香角斑病

发病规律：雨水是病害流行的主要条件，降水早而多的年份，发病早而重。

9.6 枫香漆斑病

病原：真菌弱寄生

症状：叶片上出现圆形至不规则形褐色病斑，外围具有大片的黄色变色区，周边有大小不等形状各异的黑色小点。

发病规律：病菌系弱寄生菌，以菌丝越冬，条件适宜时产生分生孢子，常从伤口侵入。湿度大或连续阴雨天气有利于该病发生和流行。

枫香漆斑病

9.7 构树褐斑病

病原：半知类真菌

症状：发病初期叶面有褐色斑点，随着病情的发展，斑点逐渐增大并连接成片，最终导致叶片枯黄早落。

发病规律：此病在 6 月至 8 月高温高湿期为发病高峰期。

构树褐斑病

9.8 国槐丛枝病

病原：类菌原体

症状：腋芽和不定芽大量丛生，节间变短，叶片黄化变小，产生明脉，冬季小枝不脱落呈鸟巢状，严重的病株当年枯死，轻的几年后也会死掉。每年 7—8 月份发病重。

发病规律：病原物在国槐韧皮部筛管细胞中通过筛板移动，能扩及整个植株，一是带病的种根育苗，二是借助昆虫取食传播。病原菌侵入寄主后长期有滞育

国槐丛枝病

现象，一般可达 2 ~ 18 个月，另外，病原在寄主体内有季节性运动，总的趋势是秋季随树液流动到韧皮部向根部回流，累积在根部越冬，翌年初春，随树液流动回升。据观察，实生苗发病低，平茬苗、留根苗发病率较高。

9.9 国槐煤污病

病原：由小煤炱目的多种真菌危害引起。

症状：小煤炱目的真菌是植物叶片上的专性寄生菌，菌丝表生、黑色，以吸器伸入寄主的表皮细胞内吸取养分，故在叶片表面通常呈黑色圆形霉点，后扩展成不规则形或相互连接成一片，

国槐煤污病

覆盖在叶上表面。

发病规律：煤污病病菌以菌丝体、分生孢子、子囊孢子在病部及病落叶上越冬，翌年孢子由风雨、昆虫等传播。蚜虫、介壳虫等昆虫的分泌物及排泄物遗留在植物上，影响光合作用。高温多湿、通风不良，蚜虫、介壳虫等分泌蜜露，害虫发生多等情况均会加重发病。

9.10 海棠褐斑病

海棠褐斑病

病原：苹果盘二孢属 *Marssonina* 真菌

症状：海棠叶片上产生圆形或近圆形病斑，暗褐色，上生黑色小点，这是由褐斑病引起的。危害严重时，叶片变黄脱落，但病斑周围仍保持绿色。

发病规律：病菌以菌丝体在病落叶中越冬，次年 6 月产生分生孢子。随风雨传播侵染。一般 6 月下旬开始发病，8 月中、下旬为盛发期。

9.11　海棠锈病

病原：梨胶锈菌 *Gymnosporangium asiaticum* 和山田锈菌 *Gymnosporangium yamadai*

海棠锈病

症状：锈病主要为害海棠叶片，也能危害叶柄、嫩枝和果实。叶面最初出现黄绿色小点，扩大后呈橙黄色或橙红色有光泽的圆形小病斑，边缘有黄绿色晕圈。病斑上着生针头大小橙黄色的小点粒，后期变为黑色。病组织肥厚，略向叶背隆起，其上有许多黄白色毛状物，最后病斑变成黑褐色，枯死。叶柄、果实上的病斑明显隆起，果实畸形，多呈纺锤形；嫩梢感病时病斑凹陷，易从病部折断。

发病规律：病原菌以菌丝体在针叶树寄主体内越冬，可存活多年。次年 3—4 月份冬孢子成熟，菌瘿吸水涨大，开裂，冬孢子形成的物候期是柳树发芽的时候。当时旬平均温度为 8.2℃以上，日平均温度为 10.6 ℃以上，当又有适宜的降雨量时，冬孢子开始萌发，在适宜的温湿度条件下，冬孢子萌发 5 ~ 6h 后即产生大量的担孢子。性孢子由风雨和昆虫传播，2 ~ 3 周后锈孢子器出现，8—9 月份锈孢子成熟，由风传播到桧柏等针叶树上，因该锈菌没有夏孢子，故生长季节没有再侵染。该病的发生、流行和气候条件密切相关。春季多雨而气温低，或早春干旱少雨发病则轻；春季多雨，气温偏高则发病重。

9.12 合欢枯萎病

病原：尖孢镰刀菌合欢专化型 *Fusarium oxysporwm*

症状：该病为合欢的毁灭性病害，可流行成灾。感病植株的叶下垂呈枯萎状，

合欢枯萎病

叶色呈淡绿色或淡黄色，后期叶片脱落，枝条开始枯死。检查植株边材，可明显地观察到变为褐色的被害部分。

发病规律：在叶片尚未枯萎，病株的皮孔中会产生大量的病原菌分生孢子，这些孢子通过风雨传播。

9.13 合欢锈病

病原：日本伞锈菌 *Ravenelia japonic*

症状：该病主要为害合欢的枝干、梢部及叶柄，叶片及荚果亦可受害。感病枝梢、叶柄上产生近圆形、椭圆形或梭形病斑，直径 2 ~ 4mm。木质化枝梢上病斑累累，导致叶片早落，枝枯死。嫩梢及叶柄因发病而扭曲、畸形，发病严重者则枯死。感病幼树主干病斑梭形下陷，呈典型溃疡斑。叶片上病斑很小，近圆形，直径 0.4 ~ 1mm。荚果上病斑多数扁圆形。感病初期，病斑上均产生黄褐色粉状物，为病原菌夏孢子堆，后期在病斑处又产生大量、密集、漆黑色的小粒状物，为病原菌冬孢子堆。冬孢子堆甚至可以蔓延至病斑以外的寄主表面。

合欢锈病

发病规律：该病于 8 月份在叶、嫩梢上出现浅黄色病斑，其上产生很多粉状物夏孢子。夏孢子借气流传播，气候条件适宜时，夏孢子萌发自寄主气孔或直接穿透表皮侵入，潜育期 7 ~ 14 天。9 月上、中旬在夏孢子堆下菌丝体开始产生冬孢子堆。

9.14 鸡爪槭煤污病

病原：由小煤炱目的多种真菌危害引起。

症状：小煤炱目的真菌是植物叶片上的专性寄生菌，菌丝表生、黑色，以吸器伸入寄主的表皮细胞内吸取养分，故在叶片表面通常呈黑色圆形霉点，后扩展成不规则形或相互连接成一片，覆盖在叶上表面。

发病规律：煤污病病菌以菌丝体、分生孢子、子囊孢子在病部及病落叶上越冬，翌年孢子由风雨、昆虫等传播。蚜虫、介壳虫等昆虫的分泌物及排泄物遗留在植物上。影响光合作用，高温多湿、通风不良，蚜虫、介壳虫等分泌蜜露，以及害虫发生多等情况均会加重发病。

鸡爪槭煤污病

9.15 鸡爪槭叶枯病

病原：半知菌亚门真菌

症状：叶枯病多从叶缘、叶尖侵染发生，病斑由小到大不规则状，红褐色至灰褐色，病斑连片成大枯斑，干枯面积达叶片的 1/3 ~ 1/2，病斑边缘有一较病斑深的带；病健界限明显。

鸡爪槭叶枯病

发病规律：该病在7—10月份均可发生。植株下部叶片发病重。高温多湿、通风不良均有利于病害的发生。植株生长势弱的发病较严重。

9.16 桔缩叶病

病原：畸形外囊菌 *Taphrina deformans*

症状：主要为害叶、嫩梢、花及幼果。病叶呈现波浪状皱缩卷曲，呈红色。随着叶片的长大，叶片边缘逐渐向叶背卷曲，叶肉变厚而脆，渐变为红褐色，至春末、夏初，叶面发生白粉（即子囊层），最后病叶逐渐干枯脱落。幼嫩新梢受害后呈灰绿色或黄色，枝条节间变短、粗肿，叶片多丛生卷曲。幼果染病后最初发生黄色或红色病斑，后渐为褐色而脱落。

桔缩叶病

发病规律：病菌以芽生孢子附着于枝或芽鳞上越冬，到第二年春天发芽时，病原物的孢子便萌发，产生芽管侵入嫩芽或幼叶。当早春气温较冷而空气湿润时最适于发病，以16℃最适宜，20℃以上则发病停滞。

9.17 榉树煤污病

病原：由小煤炱目的多种真菌危害引起。

症状：小煤炱目的真菌是植物叶片上的专性寄生菌，菌丝表生、黑色，以吸器伸入寄主的表皮细胞内吸取养分，故在叶片表面通常呈黑色圆形霉点，后扩展成不规则形或相互连接成一片，覆盖在叶上表面。

榉树煤污病

发病规律：煤污病病菌以菌丝体、分生孢子、子囊孢子在病部及病落叶上越冬，翌年孢子由风雨、昆虫等传播。蚜虫、介壳虫等昆虫的分泌物及排泄物上遗留在植物上，影响光合作用。高温多湿、通风不良，蚜虫、介壳虫等分泌蜜露，以及害虫发生多等情况均会加重发病。

9.18 木芙蓉叶斑病

病原：长圆盘孢菌 *Gloeosporinm* sp.、交链孢菌 Alternaria sp. 和叶点霉 *Phyllosticta* sp.

木芙蓉叶斑病

症状：叶片病斑近圆形至不规则形，较细小，直径 1 ~ 10mm 不等，黄褐色至深褐色，外具黄色晕圈，多个病斑互相连合成不规则斑块，严重时病斑密布，叶片变黄，易脱落。

发病规律：上述病菌均以菌丝体和子实体在病叶上和病残体上越冬，以分生孢子借风雨辗转传播为害。通常园圃环境通透性差和温暖多雨的天气易于发病。

9.19 朴树煤污病

病原：由小煤炱目的多种真菌危害引起。

朴树煤污病

症状：小煤炱目的真菌是植物叶片上的专性寄生菌，菌丝表生、黑色，以吸器伸入寄主的表皮细胞内吸取养分，故在叶片表面通常呈黑色圆形霉点，后扩展成不规则形或相互连接成一片，覆盖在叶上表面。

发病规律：煤污病病菌以菌丝体、分生孢子、子囊孢子在病部及病落叶上越冬，翌年孢子通过风雨、昆虫等传播。蚜虫、介壳虫等昆虫的分泌物及排泄物遗留在植物上，影响光合作用。高温多湿、通风不良，蚜虫、介壳虫等分泌蜜露，以及害虫发生多等情况均会加重发病。

9.20 朴树叶斑病

病原：属假单胞杆菌

症状：该病的病菌多从叶缘或叶尖侵入，病斑最初为淡黄绿色，后逐渐扩大，呈灰褐色至灰色，形状不规则或近圆形，边缘明显，树冠下部受害常比顶部重，老叶发病比新叶严重。

朴树叶斑病

发病规律：叶斑病菌在病残体或随之到地表层越冬，翌年发病期随风、雨传播侵染寄主。连作、过度密植、通风不良、湿度过大均有利于发病。

9.21 三角枫黑痣病

病原：子囊菌门真菌

症状：黑痣病多发生于槭树类树木叶片上。根据病原菌和寄主种类，症状表现也有所区别。如寄生于五角枫等叶片上，病斑形状较大，直径可达 6 ~ 13mm，圆形或不规则形，初期黄色，后在病斑部出现一漆状有光泽的黑色覆盖物质，病斑周围留一黄色圈；发生在三角枫上病斑则较小，常由 10 余个小黑斑聚成一个圆形大斑，小病斑直径约 2 ~ 3mm，圆形或椭

三角枫黑痣病

圆形，黑色。具漆状光泽，周围有一黄色包围圈。

发病规律：病菌以子囊盘在被害叶上越冬。至第2年春天形成子囊，5、6月间子囊孢子成熟，飞散到新叶上侵染为害，破坏了叶片表皮细胞壁，所以产生黄色病斑。后由菌丝与寄主叶面表皮细胞紧密纠结形成黑色子座，覆盖在病斑上成漆状。该病在多雨、空气湿度大的情况下常盛发。

9.22 桑叶尖枯病

病原：桑单胞枝霉 *Hormodendrum mori*

桑叶尖枯病

症状：春季嫩叶发病时，桑叶边缘现深褐色连片大病斑，后随叶片生长发育，叶身向叶正面卷缩。夏秋发病时，枝条顶端叶片的叶尖和附近叶缘褐变，逐渐扩展致叶片的前半部出现黄褐色大病斑；下部叶片受害，叶脉间及叶缘产生梭形大斑，病健部分界明显。干燥时病斑裂开，吸水后易烂腐。病叶易脱落或干枯。湿度大时，病斑上产生暗蓝褐色霉状物，即病菌的分生孢子梗和分生孢子。

发病规律：病菌以菌丝体在病叶组织中越冬。翌年春暖后产生分生孢子梗和分生孢子，借风雨传播到桑叶上，引起初侵染，发病后不断形成分生孢子进行再侵染。每年4—10月发病，尤其夏秋高温多湿易流行。该菌在萌发和入侵桑叶时不能缺水，但侵入后即使天气干燥也可产生大病斑。阴雨条件下能产生大量分生孢子引起该病大流行。天气干燥时孢子形成少，该病处于停滞状态。品种间感病性差异明显。

9.23 桑赤锈病

病原：桑锈孢锈菌 *Aecidium mori*

症状：嫩芽染病病部畸形或弯曲，桑芽不能萌发。新梢上的芽、茎叶、花椹染病局部肥厚或弯曲畸变，出现橙黄色斑。叶片染病在叶片正背面微生圆形有光泽小点，逐渐隆起成青泡状，颜色变黄，后呈橙黄色，表皮破裂，散发出橙黄色粉末状的锈孢子，布满全叶。故有“金桑”之称。新梢、叶柄、叶脉染病沿维管束方向呈纵条状扩展，出现弯曲畸形，表面也都生有橙黄色锈子器，新梢上病斑逐渐变黑凹陷。桑花染病呈不规则膨大。桑根染病失去原来光泽，变黄后期也布有橙黄色粉末。

分布范围：长江流域锈孢子抗寒力不强则不能越冬。枝条上的病斑多为非致病性坏死斑，只有与枝条特别接近的叶痕、芽鳞上的病斑才能致病。病斑上的菌丝侵入桑芽，翌春随桑芽萌发，引致桑芽染病。桑芽的初侵染一般在 4 月，初侵染产生的锈孢子飞散到新梢和桑叶及花椹上进行多次再侵染。锈孢子形成温限 5℃ ~ 25℃，最适温度 13℃ ~ 18℃，相对湿度高于 90%。若湿度低于 88%，锈孢子难以形成。气温高于 30℃，湿度低于 80% 时，病害扩展缓慢或停滞。

9.24 桃树流胶病

病原：葡萄座腔菌 *Botryosphaeria dothidea*，属子囊菌亚门真菌。

症状：侵染性流胶病主要发生在枝干上，也可危害果实。一年生枝染病，初时以皮孔为中心产生疣状小突起，后扩大成瘤状突起物，上散生针头状黑色小粒点，翌年 5 月病斑扩大开裂，溢出半透明状黏性软胶，后变茶褐色，质地变硬，吸水膨胀成胨状胶体，严重时枝条枯死。多年生枝受害产生水泡状隆起，并有树胶流出，受害处变褐坏死，严重者枝干枯死，树势明显衰弱。果实染病，初呈褐色腐烂状，

桃树流胶病

后逐渐密生粒点状物，湿度大时粒点口溢出白色胶状物。

发病规律：病原菌以菌丝体和分生孢子器在树干、树枝的染病组织中越冬，第2年在桃花萌芽前后产生大量分生孢子，借风雨传播，并且从伤口或皮孔侵入，以后可再侵入。

9.25 银杏叶斑病

病原：银杏盘多毛孢 *Pestalotia ginkgo*

症状：病害发生于叶片周缘，逐渐发展成组织交界楔形的病斑，色褐或浅褐，后成灰褐色。病健组织交界处有鲜明的黄色带。至病害后期，在叶片的正反面产生散生的黑色小点，有时成轮纹状排列。阴雨潮湿时，从小点处出现黑色带状或角状的粘块。

银杏叶斑病

分布范围：此菌以菌丝体及其子实体在病叶上越冬。经风雨或昆虫传播，引起发病，以衰弱树和树叶伤处发病较多，特别是从虫伤处侵染发病的最多。7—8月前后开始发病，到秋季发病加重。在强风、夏季的高温干燥及曝晒较烈，以及植株衰弱的情况下，树叶受虫伤较多，病害常较为严重。

9.26 樱花褐斑穿孔病

病原：核果假尾孢 *Pseudocercospora circumscissa*

症状：主要为害叶片，也侵染新梢，多从树冠下部开始，渐向上扩展。发病初期叶正面散生针尖状的紫褐色小斑点，后

樱花褐斑穿孔病

扩展为圆形或近圆形、直径 3 ~ 5mm 的病斑，褐斑边缘紫褐色，后期病斑上出现灰褐色霉点。斑缘产生分离层，病斑干枯脱落，形成穿孔。

发病规律：病菌在病叶或梢部越冬，翌年产生孢子借助风雨传播，从气孔侵入。每年 6 月始发，8—9 月病重。大风雨多的年份病重，夏季干旱、树势弱易发病。

9.27 榆树煤污病

病原：由小煤炱目的多种真菌危害引起。

症状：小煤炱目的真菌是植物叶片上的专性寄生菌，菌丝表生、黑色，以吸器伸入寄主的表皮细胞内吸取养分，故在叶片表面通常呈黑色圆形霉点，后扩展成不规则形或相互连接成一片，覆盖在叶上表面。

榆树煤污病

发病规律：煤污病病菌以菌丝体、分生孢子、子囊孢子在病部及病落叶上越冬，翌年孢子由风雨、昆虫等传播。蚜虫、介壳虫等昆虫的分泌物及排泄物上遗留在植物上。影响光合作用，高温多湿、通风不良，蚜虫、介壳虫等分泌蜜露，害虫发生多，均加重发病。

9.28 元宝枫叶斑病

病原：尾孢霉菌属真菌 *Cercospora* sp.

症状：发病初期叶片上出现小病斑，中央浅褐色，边缘色深，其上散生小霉点。发生严重时，叶片布满病斑，常常几个小斑合成大块枯斑，导致叶片枯黄，提早落叶，影响绿化美化景观。

元宝枫叶斑病

发病规律：以菌丝和分生孢子器在寄主病残体上和土壤中越冬。翌年春季分生孢子器产生孢子，借风雨等传播，可多次侵染。5—6 月气温（26℃左右）适宜时发病重。秋季多雨、土壤湿度大、通风不良和高温多露条件下发病更严重。秋后随着气温下降，病情逐渐减轻直至停止发病。

9.29 紫荆角斑病

病原：紫荆假尾孢霉 *Pseudocercospora chionea*

症状：该病主要为害叶片，病斑呈多角形，黄褐色，病斑扩展后，互相融合成大斑。感病严重时叶片上布满病斑，导致叶片枯死、脱落。

紫荆角斑病

发病规律：该病一般在 7—9 月发生，一般下部叶片先染病，逐渐向上蔓延扩展。多雨季节发病重，病菌在病株残体上越冬。

9.30 紫薇白粉病

病原：南方小钩丝壳 *Uncinuliella aystraliana*

症状：主要为害叶片，并且嫩叶比老叶容易被侵染；该病也危害枝条、嫩梢、花芽及花蕾。发病初期，叶片上出现白色小粉斑，扩大后呈圆形或不规则形褪色斑块，上面覆盖一层白色粉状霉层，后期白粉状霉层会变为灰色。花受侵染后，表面被覆白粉层，花穗畸形，失去观赏价值。受白粉病侵害的植株会变得矮小，嫩叶扭曲、畸形、枯萎，叶片不开展、变小，枝条畸形等，严重时整个植株都会死亡。

紫薇白粉病

发病规律：该病是以菌丝体在病芽、病枝条或落叶上越冬，翌年春天温度适合时越冬菌丝开始生长发育，产生大量的分生孢子，并借助气流进行传播和侵染。病害一般在4月份开始发生，6月份趋于严重，7—8月份会因为天气燥热而趋缓或停止，但9—10月份又可能再度重发。白粉病在雨季或相对湿度较高的条件下发生严重，偏施氮肥、植株栽植过密或通风透光不良均有利于发病。

9.31 紫薇叶斑病

病原：千屈菜科假尾孢 *Pseudocercospora lythracearum*

症状：主要发生在叶片上，发病初期为点状突起，后扩大为圆形、不规则形，0.5 ~ 7mm，病斑间可相互连接，病斑边缘紫褐色至暗褐色，中央褐色、灰褐色或灰白色，后期病斑上出现绒状小霉点，小霉点多时呈暗绿色至灰黑色。叶背病斑颜色相近。

紫薇叶斑病

发病规律：病菌以菌丝体在病落叶中越冬。翌年春季产生分生孢子，分生孢子借风力传播，侵染寄主。分生孢子在生长季节中可重复侵染寄主。高温高湿利于病害发生和蔓延，植株下部叶片发病重于上部，苗圃重于绿地。

9.32 紫玉兰叶斑病

病原：属半知菌类真菌

症状：主要为害叶片。初生黄色至浅褐色小圆点，后扩展为近圆形至不规则形大斑，边缘具红褐色线纹，中间灰白色，后期病部散生黑色小粒点，即病原菌的分生孢子器。发病严重的造成早期落叶。8—9月发生。

发病规律：病菌以菌丝体或分生孢子器在病部或病落叶上越冬，翌年温湿度适宜时，产生分生孢子，借风雨传播进行初侵染和再侵染。土壤瘠薄、连阴雨发病重。

9.33 柳叶斑病

病原： 立枯丝核菌 *Rhizoctonia solani*

症状： 发病初期在叶片表面出现黄褐色小点，逐渐扩大，边缘颜色较深而整齐。到后期病斑中心变为灰褐色，上生有黑点，即病菌的分生孢子器。病斑多数相连成片，9 月常造成树叶焦枯而脱落。

柳叶斑病

发病规律： 病菌以子实体和菌丝在病落叶上过冬。次年杨柳树展叶后开始侵染，产生病斑，后期病斑上生出分生孢子器并放出分生孢子，借风、虫等传播，进行再侵染，以 7、8 月发病危害最严重。柳叶斑病多发生于种植过密的苗圃幼苗和片林，在雨水多、温湿度都较高、病原菌多等条件下容易被侵染和发病。

镇江市主要林业病虫害的防治技术

10 地下害虫及其防治

地下害虫又称土壤害虫，是指生活在土壤中，以成虫或幼虫取食发芽的种子、幼树与苗木的幼根、嫩茎及幼芽的害虫，危害严重时常常造成缺苗、断垄等。

10.1 蛴螬类

蛴螬是鞘翅目金龟甲总科（*Melolonthoidea*）幼虫的统称，在镇江，其中对林木有危害的属于鳃金龟科（*Melolonthidae*）、丽金龟科（*Rutelidae*）和花金龟科（*Cetoniidae*）。蛴螬食害多种林木、花卉植物的幼苗和环剥大苗、幼树的根皮。幼虫食量大，在土内取食萌发的种子，咬断根、茎，轻则缺苗断垄，重则毁圃绝苗，食害幼苗后断口整齐平截，易于识别；成虫出土取食叶、花蕾、嫩芽和幼果，常将叶片食成缺刻和孔洞，残留叶脉基部，严重时将叶全部吃光。

10.1.1 田间虫情调查

掌握蛴螬种类、分布、发育阶段、虫口密度等，是防治和预测的依据。

种类调查　在调查地块设置 1m × 1m × 0.8m 样方，以每 20cm 为 1 层分 4 层取土，分别统计、记录昆虫的种类和数量。

危害损失调查　主要掌握蛴螬的危害、造成的损失、苗木受害程度，判断虫口数量及发展趋势，为防治提供依据。

10.1.2 测报预报

发生趋势预测 根据上年虫量与发生期的气候预测下年的发生趋势。如大黑鳃金龟成虫、幼虫交替越冬的习性决定了其危害有一年轻有一年重的规律；另一重要因素也跟 3 龄幼虫量和幼虫孵化期雨量和气温有关，镇江地区幼虫孵化期为 5 月上中旬，而尚未到梅雨季节的干旱条件也加大了虫情的发生。

短期预测 在幼虫危害期前进行调查，预测发生高峰期，为防治适期找依据。从幼虫化蛹开始，在大田内挖蛹调查，每次调查不少于 30 头。当化蛹率达 60% 以上时，再加蛹历期和成虫蛰伏期后即为成虫防治适期；如再加上产卵前期和卵历期即为孵化高峰期或幼虫防治适期。其中关键是根据雌虫卵巢的发育级别确定成虫出土后的天数（表 10–1）；在成虫发生期采用随机取样法隔日捕捉雌虫 20 头，解剖雌虫检查卵巢发育级别。一般当卵巢发育到 4 级时，成虫已进入产卵后期，所产的卵多数已孵化，此时即为幼虫防治适期。

表 10–1 大黑鳃金龟卵巢发育分级标准

发育级别	发育特征	成虫出土后	天数 /d
1 级	卵白透明期	卵巢尚未发育，小管无色透明	12
2 级	卵黄沉淀期	小管内可见乳黄、长椭圆卵细胞	18
3 级	卵待产期	卵巢管内有成熟卵粒，管柄膨大	27
4 级	产卵始盛期	管内有 1 ~ 2 粒成熟卵	30 ~ 32
5 级	产卵高峰期	成熟卵少，排列松，有空段	40
6 级	产卵盛末期	卵巢管萎缩，管内无卵或残存少量卵细胞	60

10.1.3 防治技术

蛴螬类的防治应采用成虫、幼虫防治相结合的方式，在成虫出土活动期防治减少成虫数量特别是雌虫数量，可以有效地减少幼虫数量。播种期与生长期防治相结合。因蛴螬在植物的苗期、生长期甚至生长后期均产生危害，应依据各虫种的发育和危害规律，贯彻播种期与生长期防治相结合的原则进行治理。化学与其他方法相结合。化学药剂是防治蛴螬的主要手段之一，但改变蛴螬的栖居环境、耕作制度、苗地和农事管理方式、利用成虫的趋性可直接或间接地减少虫口数量。因此要根据具体情况进行综合治理。

林业技术　在蛴螬密度大的宜林地，造林前应先适时整地，以降低虫口密度；精耕细作，合理轮作，以减少或消灭蛴螬的滋生繁殖场所；秋末深耕可增加蛴螬的越冬死亡率；蛴螬喜在腐殖质中生活，施厩肥时要充分腐熟，追施厩肥时避开蛴螬活动盛期，肥料要掩埋好；在蛴螬危害高峰期灌水，可溺死部分幼虫；秋末大水冬灌可减轻翌春的危害；金龟子喜在地边杂草处活动，及时清除田间及地边杂草可减少虫口数量；在成虫产卵期及时中耕也可消灭部分卵和初孵幼虫。

人工防治　利用成虫的假死习性于傍晚振落并捕杀上树的成虫；秋季耕翻时人工捕捉幼虫，可适当减少其发生数量。

生物防治　保护和利用捕食性天敌及寄生性天敌，如茶色食虫虻、步行虫、金龟子黑土蜂、大黑臀土蜂、福腮钩土蜂、白僵菌、苏云金芽孢杆菌、蛴螬乳状杆菌乳剂等，甚至可以用昆虫病原线虫来防治。利用金龟子性腺粗提物或未交配的雌活体或糖醋液诱杀成虫，种植蓖麻引诱成虫取食，借蓖麻毒素毒杀成虫，利用金龟子的趋光性使用黑光灯和频振式杀虫灯直接诱杀。

化学防治　用有效成分为 1.25mg/L 的 25% 吡虫啉可湿性粉剂药液，与 500kg 种子混合搅拌，堆闷 4h，摊开晾干拌种防治蛴螬；或用烟碱类杀虫剂如噻虫嗪粉剂拌种。于成虫盛发期在其喜食植物上每 10d 喷吡虫啉乳油或 4.5% 氯氰菊酯等药剂 1 次；或取 50 ~ 70cm 长的新鲜榆、杨、槐等带叶枝条，将基部泡在 25% 噻虫嗪水分散粒剂 1000 倍液或 40% 氧化乐果 500 倍液中，10h 后取出，以 3 ~ 5 枝捆成一把，插入或堆放在林间诱杀。

10.2　蝼蛄类

蝼蛄属直翅目蝼蛄科（Gryllotalpidae），是常见的地下害虫之一。镇江地区以东方蝼蛄危害最多。该虫喜居于温暖、潮湿、多腐殖质的壤土或砂土内，昼伏夜出。成虫、若虫均喜食刚发芽的种子，危害林木、果树及农作物的幼苗根部、接近地面的嫩茎，被害部分呈丝状残缺，致使幼苗枯死；同时成虫、若虫在表土层内钻筑隧道，使幼苗根土分离失水而枯死。

10.2.1 预测预报

挖土调查法　在蝼蛄即将进入越冬休眠前，选择有代表性地块挖土调查。样点根据具体情况设置，每个样点 1m^2、深 60 ~ 120cm，根据样点内虫量推算目标区的虫量。

隧道估测法　成虫出土前在田间查看新隧道数量，无洞口隧道为新隧道，有洞口表示蝼蛄已转移，一般是 2 条隧道 1 只蝼蛄，其中一条虚土圆堆而短宽，为顶土、排淤、通气道，另一条长而弯曲的隧道为活动取食道；宽 3cm 以下的隧道为若虫，3cm 以上的为成虫。也可将隧道表土铲去，凡洞口为扁圆形、直径 2cm 的为雌虫，洞口为圆形、直径 1.5cm 的为雄虫。

10.2.2 防治技术

诱杀　蝼蛄的趋光性很强，在羽化期间，19：00 ~ 22：00 可用灯光诱杀；或在苗圃步道间每隔约 20m 挖一小坑，将马粪或带水的鲜草放入坑内诱集，再加上毒饵更好，次日清晨可到坑内集中捕杀。

保护天敌　鸟类是蝼蛄的天敌。可在苗圃周围栽植杨、刺槐等防风林，招引红脚隼、戴胜、喜鹊、黑枕黄鹂和红尾伯劳等食虫鸟以利控制虫害。

林业措施　施用厩肥、堆肥等有机肥料要充分腐熟；深耕、中耕也可减轻蝼蛄危害。

化学防治　①作苗床（垅）时用 6% ~ 8% 阿维菌素乳油或 25% 噻虫嗪水分散剂 0.5kg 加水 5kg 拌饵料 50kg，傍晚将毒饵均匀撒在苗床上诱杀；饵料可用多汁的鲜菜、鲜草以及蝼蛄喜食的块根和块茎，或炒香的麦麸、豆饼和煮熟的谷子等。②拌种方法，与蛴螬的防治方法一致。

10.3 金针虫类

金针虫是鞘翅目叩甲科（Elateridae）幼虫的通称。金针虫为土居、杂食性，危害幼芽、幼苗的须根、主根或嫩茎；受害苗木的主根很少被咬断，被害部位呈丝状。

防治技术

林业措施　苗圃地精耕细作，通过机械损伤或将虫体翻出土面让鸟类捕食，以降低金针虫密度。加强苗圃管理，避免施用未腐熟的草粪等，以免诱来成虫。

化学防治　按噻虫嗪 210g/hm^2 或吡虫啉 15 ~ 30g/hm^2 有效成分，掺干燥细土 380kg 混匀成毒土，均匀撒施并翻入 10 ~ 20cm 深的土层里处理土壤；苗木出土或栽植后如发现金针虫危害，可逐行在地面撒施该毒土，随即用锄掩入苗株附近的表土内。也可用 3% 亚砷酸钠浸泡禾本科杂草后诱杀，药剂拌种见蛴螬防治方法。

11 枝梢害虫及其防治

枝梢害虫指危害林木枝梢及幼茎的种类。其中，一类为咀嚼式口器害虫，以幼虫钻蛀和啃食枝梢、嫩茎、幼芽，通常在木质部或髓部钻蛀隧道，造成嫩梢枯萎，甚至死亡，影响主梢、枝条的生长和主干的形成，部分种类还在嫩梢头吐丝缀叶取食或蛀入幼果危害。常见如鳞翅目的螟蛾类、麦蛾类、卷蛾类等，鞘翅目的象甲类、天牛类及某些叶甲类，膜翅目的瘿蜂类、茎蜂类，双翅目的蝇类和瘿蚊类等。另一类为刺吸式口器害虫，主要包括同翅目蚧类、蚜虫类、叶蝉、木虱，半翅目的蝽类等，部分种类还可传播病毒病害。该类害虫在取食时，常使寄主植物产生病理或生理变化，如受害部位呈现褪色的斑点、叶片卷曲或皱缩、枝叶丛生等畸形、局部膨大或虫瘿，危害严重时可使被害植物营养不良、嫩梢干枯、树势衰弱甚至整株死亡。

11.1 蚧类

蚧类是林木的重要害虫。这类害虫刺吸树木汁液，引起植物组织褪色、死亡；该类害虫个体小，数量多，繁殖力强，在危害过程中还排泄大量蜜露诱发煤污病，影响寄主的光合作用而导致树势衰弱，少数种类还能传播植物病毒病；若对林木常年危害，常造成整株或成片枯死，甚至引发毁灭性的森林虫灾。

11.1.1 预测预报

调查越冬后的虫口数量作为有效虫口基数，预测下代种群的消长趋势。5月初在林间选几个有代表性的小枝，剔留 3 ~ 5 个雌虫，在小枝两端涂凡士林以防外来虫源入；发现样枝上有初孵若虫后，逐日统计数量，并观察天敌的作用以进行发生情况测报。6 月上旬调查叶片上的若虫数，与上年同期虫口数比较，分析种群演变规律。当种群数量足以造成危害时应采取防治措施。

11.2.2 防治技术

植物检疫 强化检疫措施，严禁从疫区携带有虫苗木、接穗、原木外运和引进，防止检疫性蚧类的传入或传出。对有虫苗木和植物材料，可用 6.6g/m^3、52% 磷化铝片剂熏蒸 1.52d，或 20 ~ 30g/m^3 的溴甲烷熏蒸 24h。

林业技术 采取合理密植、选育抗虫树种、营造混交林、封山育林等营林措施，可改善林区生态环境；改善肥水条件，可增强植株抗虫能力。在虫量少时，可剪去带虫枝条，虫量较大、林木已无利用价值时可清除受害株，以清除虫源。对早春有上树习性的蚧类，在树干离地约 6cm 处，缠绕约 25cm 宽的塑料薄膜带或涂 2cm 宽的粘虫胶，以阻止若虫上树。

生物防治 蚧虫的天敌种类很多，对抑制蚧虫的发生和危害有重要作用。因此，应在天敌发生盛期减少或避免使用农药；当天敌寄生率达 50% 或羽化率达到 60% 时严禁化学防治；对效果已经明确的天敌应加以保护或人工饲养释放。

化学防治 开展化学防治时掌握防治适期至关重要，幼小若蚧未形成蜡壳时是防治效果最佳期。常用的化学防治主要有喷雾、灌根、涂干、注射等。①喷雾：按噻嗪酮有效成分 800 ~ 1000g/m^2 防治大若虫，或用 40% 氧化乐果乳油 800 ~100 倍液防治。防治小若虫可用噻嗪酮有效成分 8 ~ 16g/hm^2，按哒幼酮有效成分 0.05g/L，吡嗪酮有效成分 38 ~ 75g/hm^2。春季喷施 0.5 ~ 19 倍石硫合剂，冬季可用 1 ~ 3 倍、夏季 0.3 ~ 0.5 倍，或 8 ~ 10 倍松脂合剂。或用乐果原油 30 份 + 敌敌畏原油 25 份 + 一缩乙二醇溶剂 67.5 份配成的溶液，每公顷用量 3kg（农药有效成分 600g）超低容量喷雾。②树干涂药环或涂胶：树木萌芽时在粗糙树干刮约 15cm 环带（不伤及韧皮部），用 25% 杀虫脒 20 倍液或 40% 氧化乐果乳油 50 倍液涂环。对在土壤越冬、有上树习性的蚧类可用废机油、柴油 1 份充分熬煮后加入压碎的松香 1 份配制粘虫胶，在树干涂 3cm 宽的环带阻止若虫上树。③灌根：除去树干根际泥土，用 25% 杀虫脒 40 倍液或 40% 氧化乐果乳油 100 倍液浇灌并覆土。涂环及灌根后要及时浇水 1 次，以促使药液输导，提高杀虫效果。④树干注药：将 1 份吡虫啉与 2 份敌敌畏混合，再配置成 10 倍液，在受害树干斜向下 45° 钻深 7cm × 1.5cm 的孔，按胸径 10 ~ 20cm 打 1 孔、21 ~ 30cm 打 2 孔、31 ~ 40cm 打 3 孔、50cm 以上打 4 孔注药，每孔注药 6 ~ 7mL，注药后用黄泥或胶带堵孔。

11.2 蚜虫类

蚜虫俗称腻虫、蜜虫，属半翅目蚜总科。蚜虫刺吸植物汁液，绝大多数种类是农林尤其是园林植物的重要虫害。危害常引起枝叶变色，叶卷曲皱缩或形成虫瘿，影响林木生长；还大量分泌蜜露、粘污叶面，影响正常的光合作用，常诱发煤污病的发生，使叶片变黑；一些种类是植物病毒病的传播媒介，常造成严重的间接危害。蚜虫生活周期短，发育速度快，一年可发生几代至 30 代不等，一旦气候条件适宜，常对林木造成严重危害。

11.2.1 预测预报

蚜虫的防治关键是第 1 代若虫危害期及危害前期。鉴于蚜虫繁殖快，世代多，经常成灾的可能性大，因此，蚜虫的测报显得十分重要。

预测预报 虫情调查应坚持定点调查和普查相结合。定点调查时在历年蚜虫重发地选越冬卵 200 ~ 300 个，每 1 ~ 2d 查一次孵化情况，当卵孵化率到 50% ~ 70% 时，即可预报第 1 代若虫的药剂防治期。

发生量调查和预报 调查发生量的目的，是了解危害程度。蚜虫发生量的调查多用叶片分级法，目测分级标准为（也可根据具体情况调整）：0，叶片上无蚜虫；Ⅰ，每叶有蚜虫 20 头以下；Ⅱ，每叶有蚜虫 20 ~ 50 头；Ⅲ，每叶有蚜虫 50 ~ 100 头；Ⅳ，每叶有蚜虫 100 头以上。叶片有蚜率在 30% 左右时即需进行防治。

11.2.2 防治技术

蚜虫的防治，应重视早期即种群增殖期的防治，控制无翅胎生雌蚜，减少有翅迁飞蚜的数量。

林业技术 加强抚育管理，冬季剪除有卵枝叶，集中刮除枝干上的越冬卵。

保护和利用天敌 避免在天敌羽化期、寄生率达到 50% 的情况下使用农药。

植物源杀虫剂防治 如用 2.5% 鱼藤酮乳油、25% 硫酸烟碱乳油 800 倍液喷雾，或用 0.3% 苦参碱水剂、0.3% 印楝素乳油 1000 倍液喷雾。

化学防治 在危害期可用 10% 吡虫啉可湿性粉剂 3000 倍液，20% 氰戊菊酯乳油 3000 倍液，或 25g/hm^2 噻嗪酮有效成分、30g/hm^2 唑蚜威有效成分喷雾。也可用 50% 氧化乐果乳油 5 ~ 10 倍液树干注射或在树干涂 5 ~ 10cm 宽的药环防治。

11.3 木虱、蝉、蜡类

这类害虫主要刺吸树木汁液，使枝、干、叶枯萎，树势衰弱，许多种类还分泌白色蜡质物，污染叶片，影响光合作用，并导致煤污病发生，也传播多种植物病害。

防治技术

营林技术 选择（育）抗虫品种，合理营造混交林；调整栽植密度，科学整形修剪，改善树冠通风透光条件；冬季清除林内枯枝落叶和杂草，消除虫源（蜡、蝉、木虱等）；及时砍除竹林中的衰老、濒死和倒伏竹，集中剪除有卵枝条及若虫群集的嫩枝梢，以清除虫源。

化学防治 在防治关键期选择安全、无公害、最有效的农药进行防治。在农药选择上，应尽量选择植物源、特异性、生物制剂杀虫剂等。如 1.2% 苦参碱烟碱乳油、30% 松脂酸钠水乳剂 800 ~ 100 倍液喷洒，噻嗪酮有效成分 40g/hm^2、哒幼酮有效成分 0.05g/L、20% 速灭菊酯乳油 5000 倍液（木虱、网蜡、蜡）、2.5% 溴氰菊酯乳油 2500 倍液（叶蝉）、40% 乐果乳油 800 ~ 1000 倍等。

12 食叶害虫

食叶害虫是危害针叶树、阔叶树的最为常见的重要害虫类群之一。部分食叶害虫对林木的危害具有灾害性。

12.1 叶甲类

鞘翅目食叶害虫主要是叶甲类，幼虫期、成虫期均危害针、阔叶树，严重时常将树叶食尽，造成枯梢。

防治技术

加强苗木管理　调运造林苗木时应进行检疫，对有虫苗木实施药剂处理。或起苗造林时采用低截干措施除去有虫枝叶，并注意选用抗虫苗木造林。

管理控制措施　如对喜光性强且只危害疏林和幼树的种类，可适当提高造林密度或营造针阔叶混交林，加速林分郁闭等以缩短虫害危害期；反之则采取相反的措施。对成、幼虫群集性强的种类，可摘除虫、卵枝叶捕杀之，并注意保护利用天敌。在老熟幼虫下树化蛹或在树冠下越冬期，翻耕树冠下土壤，如同时在土中施用210g/hm的噻虫嗪有效成分可有效杀灭幼虫及蛹。

生物防治　对部分种类在湿度较大的季节施用白僵菌、苏云金杆菌等微生物杀虫制剂，可防治上树成虫和地下越冬老熟幼虫和成虫。

化学防治　危害期喷洒2.5%溴氰菊酯乳油5000～8000倍液，郁闭度较大林分可施用杀虫烟雾剂，或用“吡虫啉+敌敌畏”在树干基部打孔注药，每株注药3～8mL，或用拟除虫菊酯：防雨剂：水：石膏粉：滑石粉

=1 ：2 ：42 ：40 ：5 制成毒笔、毒绳等涂扎于树干基部，阻杀上树及下树的成虫、幼虫。

12.2 叶蜂类

膜翅目叶蜂类食叶害虫种类较多，对针叶树均产生危害。

防治技术

林业措施 叶蜂的危害既与林分的郁闭度有关，也和林分的结构有关，所以在选用抗虫树种造林时应尽可能营造混交林。对喜光性强的种类应采取相应的管理措施，促使林分提早郁闭；相反则强化抚育间伐措施，减轻其危害。对在林冠下土层中结茧化蛹的零星林或经济林可采用秋季人工搂树盘，破坏越冬或化蛹场所的方法防治。对有群集或假死习性的可酌情考虑震落捕杀。

保护和利用天敌 注意利用自然感染或寄生或者捕食效果明显的天敌及微生物。

化学防治 叶蜂类幼虫对化学药剂常十分敏感，因此防治时应待卵全部孵化后进行。用有效成分为 210g/hm^2 的噻虫嗪毒杀下树结茧幼虫及羽化出土成虫有效，防治幼虫时 2.5% 溴氰菊酯或 2.5% 高效氯氟氰菊酯 300 倍液甚有效，可参考选用。郁闭度大的林分用“741”或林丹烟剂防治效果显著。

12.3 食叶蛾类

危害林木的蛾类包括天蛾类、尺蛾类、舟蛾类、毒蛾类、灯蛾类、刺蛾类、螟蛾类、蚕蛾类等。现主要介绍镇江地区危害严重或对镇江地区林业造成较大危害的几种鳞翅目食叶害虫的防治方法。

12.3.1 重阳木锦斑蛾

物理防治 ①实行人工捕杀：清除墙面和树干上停留的幼虫、成虫，以及树下及周边墙角的虫茧。②围草诱虫：越冬前树干扎草把或涂白，并及时清理树下杂草及枯枝落叶，尽量消灭越冬虫态。③采用诱剂：包括食诱剂和性诱剂诱杀成虫。

生物防治　①寄生性天敌：在圃地、绿化林带内有比较丰富的天敌资源，如能适当保护，对抑制害虫的发生能起到较好的作用，可减少药剂的使用数量，对保护生态环境、降低管护成本具有重要意义。重阳木锦斑蛾受多种天敌寄生，卵寄生蜂第 2 代寄生率 27.7% 以上；绒茧蜂寄生于幼虫，寄生率 5.8% ~ 16%；另一种为茧蜂。寄蝇 2 种，数量较多的为日本追寄蝇。此外还有细菌，寄生于幼虫。建议在天敌羽化、活动期间，林内尽量不使用化学农药，以防杀死天敌。②捕食性天敌：在林中、圃地挂放鸟巢，招引益鸟。

化学防治　①幼虫 2 龄之前即可喷施菊酯类药或 10% 吡虫啉乳油 1000 ~ 1500 倍液，也可用生物制剂森得宝可湿性粉剂 1000 倍液喷施进行防治，3 龄以后可适当提高浓度。② 6 月中上旬至 8 月上旬危害盛期，可使用 80% 敌敌畏可湿性粉剂 1000 ~ 1500 倍液和 10% 氯氰菊酯可湿性粉剂 1500 ~ 2000 倍液，对树叶、树体均匀喷雾，四周的草地、石缝处和其他植物上也要喷施。

12.3.2　杨舟蛾类害虫

在镇江地区杨树的主要食叶害虫是杨小舟蛾，仁扇舟蛾和杨二尾舟蛾多零星发生，不需防治，但仍可以与杨小舟蛾同步防治。

监测预报　做好虫情测报工作，掌握虫情变化特点，确定防治适期。

物理防治　①冬季翻耕土壤，树木涂白，清除林内枯枝杂草，消灭越冬蛹。②杀虫灯诱杀成虫。③及时摘除由 1 ~ 2 龄幼虫啃食叶肉形成的枯黄虫苞，消灭苞内幼虫。

化学防治　喷洒 2.5% 灭幼脲Ⅲ号 1500 倍液消灭低龄幼虫，或用 0.36% 百草一号 1000 倍液，或 1.2% 苦烟、印楝素 Bt 等。

生物防治　保护和利用周氏啮小蜂、赤眼蜂天敌。

13 蛀干害虫及其防治

蛀干害虫钻蛀树干及枝丫，取食韧皮部和木质部，造成林木的生理损伤，致其死亡。该类害虫仅成虫期在树体外活动，其余虫态均在寄主的木质部或韧皮部内生活，其生存环境很少受外界气候变化的影响，天敌种类相对较少，种群数量也相对稳定。

13.1 天牛类

天牛属鞘翅目天牛科（Cerambycidae），是我国也是镇江地区目前发生面积最大的蛀干害虫。在镇江，天牛类的蛀干害虫主要以桃红颈天牛、云斑天牛、星天牛等危害最为严重。

防治技术

生物防治　①寄生性天敌：幼虫期与蛹期可释放管式肿腿蜂或川硬皮肿腿蜂进行防治，或者释放花绒寄甲来降低虫口密度。②捕食性天敌：在林中、圃地挂放鸟巢，招引益鸟，如啄木鸟类。

物理防治　①灯光诱杀：有些天牛成虫对特定波长的光源具有较强的正趋向性，因此可以通过诱杀成虫来降低来年虫口密度。②实行人工捕杀：有些天牛成虫具有假死性行为，可以采取震落的方式捕杀成虫。③砸卵：一些雌天牛会将卵产于寄主植物外部或者韧皮部下，可以在幼虫孵化前以人工砸卵的方式降低虫口密度。④实行放射素防治：有些天牛因自身生物习性，如松墨天牛趋光性较弱，灯光诱杀效果不佳。

化学防治　①采用新配制的保松灵（50% 杀螟松乳剂）在林间松树树冠上喷洒，杀灭松褐天牛成虫。②毒杀幼虫：毒签（磷化锌和草酸）或毒泥堵孔，或 80% 敌敌畏 500 倍液注入虫孔，或用磷化铝片塞入虫孔熏；或用棉签蘸白僵菌和苏云金芽孢杆菌（1 ∶ 1）插入虫孔。③秋冬季树干涂白防止天牛产卵：石灰 10kg、硫磺 1kg、盐 10g、水 20 ~ 40kg。用 50% 杀螟松乳油、40% 乐果乳油、50% 辛硫磷乳油 100 ~ 200 倍液喷树干。

13.2　吉丁甲类

吉丁甲类多为林木枝干的蛀干害虫，也有草食性昆虫。卵常产于树皮裂缝内，幼虫孵化后蛀入形成层并渐入侵木质部取食危害，虫道内充塞虫粪，致使被害木树势衰弱，直至枯死。所以吉丁虫幼虫俗称“溜皮虫”或“串皮虫”。该成虫喜光，多在被害木阳面入侵，飞行能力较弱，且常具有假死性。

防治技术

检疫措施　吉丁虫幼虫期长，跨冬、春两个栽植季节，携带幼虫、虫卵的枝干极易随种条、苗木调运而传播。因此应加强栽植材料的检疫，从疫区调运被害木材时需经剥皮、火烤或熏蒸处理，以控制害虫长距离的传播和蔓延。

林业措施　①选育抗虫树种，营造混交林，加强抚育和水肥管理，适当密植，提早郁闭，增强树势，避免受害。及时清除虫害木或剪除被害枝丫，歼灭虫源；伐下的虫害木必须在 4—5 月幼虫化蛹以前剥皮或进行除害处理后再利用。②利用吉丁虫的假死性、趋光性和活动习性，在成虫羽化盛期人工捕杀成虫。③利用吉丁虫对寄主树木树势的选择性，设立饵木诱杀。

生物防治　①人工刮除有明显特征的虫卵，或入侵不久的小幼虫。②保护利用当地天敌，包括猎蝽、啮小蜂及啄木鸟等；斑啄木鸟是控制十斑吉丁虫最有效的天敌，可以采取林内悬挂鸟巢招引，但要防止人为干扰和捕杀。

化学防治　①成虫盛发期用 40% 乐果乳油 800 倍液、500 倍乐斯本 +3000 倍渗透王，连喷 2 次有虫枝干。在幼虫孵化初期，用 40% 氧化乐果乳油的 100 倍液，每隔 10 天涂抹 1 次，连续涂抹 3 次。②在幼虫出蛰或活动危害期用 40% 增效氧化乐果：矿物油（或羊毛脂）=1 ∶ 15 ~ 1 ∶ 20 的混合物，在活树皮上涂 3 ~ 5cm 的药环，药效可达 2 ~ 3 个月。

13.3 象甲类

镇江地区象甲种类丰富，且分布广泛。

防治技术

加强检疫　严禁带虫苗木及原木外调。带虫苗木及原木的处理可用 80% 敌敌畏乳油 50 ~ 100 倍液喷干，对棕榈类苗木可浇淋心叶及叶鞘；或用 $60g/m^3$ 溴甲烷在 21℃温度下熏蒸 4h。

林业措施　①选择抗虫品种，利用树木品种和林分结构的抗性可减轻危害。如小叶杨、龙山杨、白城杨、赤峰杨对杨干象是高抗品种，将抗性品种与感虫品种混交，可降低虫口密度。②加强林分的抚育管理，及时修枝，清除林地倒木、风折木、过火木、枯死木、虫源木及过高伐根。造林时适当放宽株行距，利于光照和通风，造成不适于象甲栖息的环境。③人工栽植象甲的嗜好寄主或感虫品种以诱杀成虫或幼虫。

生物防治　①避免使用剧毒长效农药，合理使用化学农药，以降低农药污染和对天敌的杀伤。②喷洒 0.3 亿孢子 /mL 青虫菌或 2 亿孢子 /mL 白僵菌，或用 2 亿孢子 /mL 白僵菌涂刷虫孔防治幼虫；对危害苗根的象虫可用 2 亿孢子 /mL 的白僵菌灌根。

物理防治　成虫发生盛期可利用成虫假死性、群聚性和老熟幼虫聚集性人工捕捉。

化学防治　①成虫发生期可选喷 80% 敌敌畏乳油 1000 倍液、2.5% 溴氰菊酯 3000 倍液及 5% 氟氯氰菊酯或 20% 氰戊菊酯，视虫情防治 1 ~ 3 次；或 30 ~ $45kg/hm^2$ 的“741”插管烟剂熏杀成虫。②在幼龄幼虫盛期，可用 80% 敌敌畏乳油 3 ~ 5 倍液涂刷产卵孔，或选用 40% 乐果乳油 10 倍液、2% 高渗吡虫啉乳油在危害部位注打孔注药 1 ~ 2mL。③成虫上树危害和幼虫下树期可用 80% 敌敌畏 5 倍液或废机油等在树干上涂 20cm 宽毒环，或用 2.5% 溴氰菊酯 3000 倍液制成毒绳围于树干上以杀死成虫和幼虫，或地面喷洒有效成分为 $210g/hm^2$ 的噻虫嗪。

13.4 蛀干蛾类

镇江地区的蛀干蛾类主要为透翅蛾和木蠹蛾。

防治技术

加强检疫和虫情测报　蛀干蛾类危害范围的扩大与苗木调运有很大的关系，应严禁有虫苗木、枝条和木材等调运，防止传播。携虫原木或苗木在夏季可用50% 磷化钙片剂、7 ~ 10g/m^2 熏蒸 120 ~ 192h，秋季用 50 ~ 80g/m^3 的硫酰氟熏蒸 24 ~ 48h。此外，性信息素夜是多种透翅蛾虫情测报的手段。

营林措施防治　①选用良种、壮苗、抗性强的品种进行带状或块状混交，营造多树种的混交林，逐渐淘汰林分内受害最重的树种，隔离和抑制其繁殖和蔓延；当虫口密度过大时，及时对林分进行改造。②尽量避免在透翅蛾、木蠹蛾等产卵期修枝以防止机械损伤，其他时间修枝时剪口应平滑、不留桩茬，或在伤口处涂防腐杀虫剂。③间伐被害严重的林木，冬、春两季检查 2 ~ 3 次，及时剪除虫瘿；维持适当的郁闭度，郁闭度 0.7 以上的林分受害明显小于郁闭度小的林分。④在苗圃周边可栽植表皮粗糙的杨树，引诱成虫产卵，集中消灭；或树干涂白。

生物防治　①应用性信息素诱杀成虫最为有效，人工性信息素的施放可降低雌虫的定向能力，造成迷向，影响其正常繁殖活动；性信息素诱捕器的使用又会诱杀大部分雄虫，致使交配几率下降或交配推迟，减少下代的种群数量，降低寄主的被害株率或虫口密度。②寄生性线虫对蛀干蛾类幼虫的致死率很高，可用海绵吸附法或注射法，将 1000 头 /mL 的线虫制剂注入侵入孔；也可将孢子含量为 5.0 亿 /mL 的白僵菌、绿僵菌液注入侵入孔，或用棉球蘸菌液堵塞于虫孔，或在幼虫浸蛀期用白僵菌液喷树干。③保护和利用寄生蜂及鸟类，在天敌发生高峰期注意使用选择性农药，人工繁殖释放寄生蜂，设置鸟巢招引啄木鸟。

物理防治　①冬季剪掉虫枝、伐除严重受害株以消灭越冬幼虫。②在幼虫蛀害期及时剪除有蛀屑、瘿瘤的枝条，或用细铁丝钩杀坑道中的幼虫；对羽化期集中、成虫在树干上静止或爬行者进行人工捕杀，幼虫于土内化蛹期可翻土捕杀之，幼虫危害期可用刀挖坑道和隧道、刺杀幼虫，在其卵期可进行人工砸卵等。③对有趋光性的种类可采用灯诱的方法进行捕杀，灯诱对各种木蠹蛾虽均有效，但必须连年进行，方能对虫口的减少起明显作用。

化学防治　①树干喷雾，幼虫初孵或尚未蛀入枝干木质部之前，可用苏云金芽孢杆菌乳剂 + 氯氰菊酯乳油、“功夫”、40% 速扑杀乳油，或用 40% 乐果乳油 1500 倍、2.5% 高效氯氟氰菊酯 1000 ~ 2000 倍、20% 杀灭菊酯乳油 3000 ~ 5000 倍、8% 氯氰菊酯微胶囊剂 2000 倍液等间隔 7 ~ 12d，对树干喷雾 2 ~ 3 次。在成虫羽化盛期喷洒 40% 氧化乐果乳油 1000 倍液，2.5% 溴氰菊酯乳油 2500 倍液。②树干注药，在幼虫出蛰及危害期可用 20% 杀灭菊酯乳油 100 ~ 300 倍液、40% 乐果乳油 40 ~ 60 倍液注入、棉球蘸药液塞入虫孔，2mL/ 孔，用泥土封口；开春树液流动时在树干基部距地面约 30cm 处交错钻直径 1016mm 的斜孔 1 ~ 3 个，将 40% 乐果乳油或 10% 吡虫啉乳油与柴油的 1 ∶ 6 倍液，按每 1cm 胸径用药 1mL，每孔注药 5mL。③磷化铝片熏蒸，在幼虫危害期可在每虫孔中填入 56.5% ~ 58.5% 磷化铝片剂 1/20 片，或在虫孔插磷化铝毒签，用黏泥封口，杀虫率达 90% 以上。对危害根部的幼虫，在夏季可于每株根部土中埋入 1 片磷化铝片剂，防治效果可达 82.61%。④涂毒环，将 20% 中西杀灭菊酯与农药缓释剂按 1 ∶ 9 混合，在树干涂抹 5 ~ 10cm 宽的毒环，可毒杀下树的幼虫；或用 80% 敌敌畏乳油 ∶ 10% 吡虫啉乳油水或柴油 =2 ∶ 6 ∶ 10 倍液，在幼虫侵入处、虫瘿处、苗木茎干、树干的活树皮处涂 8 ~ 10cm 环带毒杀幼虫。

14 重要病害防治技术

14.1 松材线虫病

检疫措施　检疫检验方法：①直观检验：此种方法主要在产地调查时使用。在调查时仔细观察树木发育是否正常，注意察看有无树脂分泌减少、停止，以及针叶变褐、萎蔫，枝干及整株枯死的现象，同时观察树干上有无天牛蛀食的痕迹、产卵孔、羽化孔等，如有再行解剖检查。②解剖检验：用工具将可疑感病的树木锯断劈开，看材质重量是否明显减轻，木质部有无蓝变现象，树干内有无松褐天牛栖居的痕迹。漏斗分离检验：从罹病木发病部位或天牛栖居处钻取木材组织并粉碎，用双层纱布包好，置于下方带有胶管和截流夹的玻璃漏斗上，加水浸泡 12h，取下部浸泡液离心，取其沉淀液 15mL，置于解剖镜下，对照松材线虫的形态特征进行检查鉴定。③检疫处理：木材及其产品在使用前或出境、进境前用 60℃热处理或杀线虫剂处理。检疫中发现有携带松材线虫的松木及包装箱等制品，应立即用溴甲烷熏蒸处理；或浸泡于水中 5 个月以上；或立即送工厂切片后用作纤维板、刨花板或纸浆等工业原料，或作为燃料及时烧毁。对利用价值不大的小径木、枝桠等植株进行集中烧毁，严防遗漏。

营林措施　①林地清理，砍除并烧毁病树和垂死树，清除病株残体，这是一种较可靠的对策。特别是在危害区采用此法抑制病原的扩散是切实可行的。伐除后必须烧毁或进行处理，否则将成为新的感染源。设立隔离带，以切断松材线虫的传播途径，如此，可切断天牛的食物补给，可有效地控制天牛虫媒的扩散，以达到防治松材线虫的目的。②营林时不种植松树纯林，营造混交林。

化学防治　①除传媒松墨天牛：在晚夏和秋季（10 月份以前）喷洒杀螟松

乳剂（或油剂）于被害木表面（每平方米树表用药400～600mL），可以完全杀死树皮下的天牛幼虫；在冬季和早春，天牛幼虫或蛹处于病树木质部内，喷洒药剂防治效果差，也不稳定。伐除和处理被害木，残留伐跟要低，同时对伐根进行剥皮处理，伐木枝梢集中烧毁。原木处理可用溴甲烷熏蒸或加工成薄板（2cm以下）。原木在水中浸泡100d，也有80%以上的杀虫效果。这些措施都必须在天牛羽化前完成。在天牛羽化后补充营养期间，可喷洒0.5%杀螟松乳剂（每株2～3kg）防治天牛，保护健树树冠。②防治松材线虫：在线虫侵染前数星期，将丰索磷、乙伴磷、治线磷等内吸性杀虫和杀线剂施于松树根部土壤中，或用丰索磷注射树干，预防线虫侵入和繁殖。采用内吸性杀线剂注射树干，能有效地预防线虫的侵入。

生物防治　释放生物天敌管氏肿腿蜂，或者联合释放管氏肿腿蜂和花绒寄甲防治松材线虫病。

14.2 煤污病类

防治技术

物理防治　①合理修剪，改善通风透光条件，降低土壤湿度，增强树势。②雨季及时排水，清除杂草及枯枝落叶，减少病原。

化学防治　①植物休眠期喷洒石硫合剂，消灭越冬病源。②煤污病由蚧虫、蚜虫等刺吸性害虫诱发引起，因此及时防治虫害是减少发病的主要措施。在4月下旬到5月上旬蚧虫初孵期适时喷用40%氧化乐果1000倍液或10～20倍松脂合剂、石油乳剂等。③煤污病发病初期喷60%百菌清700～1000倍液。在生长后期8—9月份喷2～3次的1∶3∶300波尔多液（硫酸铜、生石灰和水的混合溶液），有良好的防治效果。

参考文献

[1] 安榆林 . 外来森林有害生物检疫 [M]. 北京：科学出版社，2012.

[2] 彩万志，李虎 . 中国昆虫图鉴 [M]. 太原：山西科学技术出版社，2015.

[3] 蔡小娜，苏筱雨，黄大庄 . 中国主要林木天牛识别与鉴定 [J]. 中国森林病虫，2015，34（5）：12–19.

[4] 陈世骧，谢蕴贞，邓国藩 . 中国经济昆虫志 鞘翅目 天牛科（一）[M]. 北京：科学出版社，1959.

[5] 陈祥照 . 桃树流胶病的研究——I. 病原特性及其发病规律 [J]. 植物病理学报，1985（1）：55–59.

[6] 陈一心 . 中国动物志 昆虫纲 第十六卷 鳞翅目 夜蛾科 [M]. 北京：科学出版社，1999.

[7] 陈志银 . 江苏主要林木病害防治技术手册 [M]. 南京：东南大学出版社，2012.

[8] 程冬保，杨兆芬 . 白蚁学 [M]. 北京：科学出版社，2014.

[9] 方中达 . 植病研究方法 [M]. 3 版 . 北京：中国农业出版社，1998.

[10] 韩国生 . 林木有害生物识别与防治图鉴 [M]. 沈阳：辽宁科学技术出版社，2011.

[11] 华立中，奈良一，G.A. 塞米尔森，等 . 中国天牛（1406 种）彩色图鉴 [M]. 广州：中山大学出版社，2009.

[12] 嵇保中，刘曙雯，张凯 . 昆虫学基础与常见种类识别 [M]. 北京：科学出版社，2011.

[13] 姜晓装 . 油茶病虫害的防治措施 [J]. 林业科技开发，2001（5）：

35–37.

［14］赖帆，李永，徐启聪，等 . 植原体的最新分类研究动态 [J]. 微生物学通报，2008（2）：291–295.

［15］李朝晖 . 江苏蝴蝶 [M]. 南京：南京出版社，2004.

［16］李孟楼 . 森林昆虫学通论 [M]. 2 版 . 北京：中国林业出版社，2010.

［17］匙明强，王焱，叶建仁，等 . 水杉赤枯病病原形态及分子鉴定 [J]. 南京林业大学学报（自然科学版），2013，37（5）：75–80.

［18］孙兴全，刘志诚，葛建明，等 . 上海地区危害樟树的樗蚕生物学特性及其防治 [J]. 上海师范大学学报（自然科学版），2003（4）：82–85.

［19］王玲萍 . 松墨天牛生物学特性的研究 [J]. 福建林业科技，2004（3）：23–26.

［20］王焱 . 上海林业病虫 [M]. 上海：上海科学技术出版社，2007.

［21］吴进开，曹斌，罗强，等 . 煤污病的发生与防治 [J]. 江西植保，2011，34（4）：181–182.

［22］吴时英，徐颖 . 城市森林病虫害图鉴 [M]. 2 版 . 上海：上海科学技术出版社，2019.

［23］吴雪芬，韩鹰，田松青 . 重阳木斑蛾生物学特性观察及综合防治技术 [J]. 安徽农业科学，2007（35）：11396–11398.

［24］徐公天，杨志华 . 中国园林害虫 [M]. 北京：中国林业出版社，2007.

［25］徐志德，李德运，周贵清，等 . 黑翅土白蚁的生物学特性及综合防治技术 [J]. 昆虫知识，2007（5）：763–769.

［26］杨忠岐 . 利用天敌昆虫控制我国重大林木害虫研究进展 [J]. 中国生物防治，2004（4）：221–227.

［27］姚庆学，张勇，丁岩 . 金龟子防治研究的回顾与展望 [J]. 东北林业大学学报，2003（3）：64–66.

［28］叶建仁，贺伟 . 林木病理学 [M]. 北京：中国农业出版社，2011.

［29］叶建仁 . 松材线虫病诊断与防治技术 [M]. 北京：中国林业出版社，2010.

［30］叶建仁 . 中国森林病虫害防治现状与展望 [J]. 南京林业大学学报，2000（6）：1–5.

［31］张巍巍，李元胜 . 中国昆虫生态大图鉴 [M]. 重庆：重庆大学出版社，2011.

［32］赵养昌，陈元清 . 中国经济昆虫志 第二十册 鞘翅目 象虫科（一）[M]. 北京：科学出版社，1980.

［33］中国科学院动物研究所 . 中国蛾类图鉴Ⅰ [M]. 北京：科学出版社，1981.

［34］中国科学院动物研究所 . 中国蛾类图鉴Ⅱ [M]. 北京：科学出版社，1982.

［35］中国科学院动物研究所 . 中国蛾类图鉴Ⅲ [M]. 北京：科学出版社，1982.

［36］中国科学院动物研究所 . 中国蛾类图鉴Ⅳ [M]. 北京：科学出版社，1983.

［37］中国林业科学研究院 . 中国森林病害 [M]. 北京：中国林业出版社，2008.

［38］周爱东，徐小明，王岚，等 . 镇江市香樟病虫害的发生和危害情况调查 [J]. 江苏林业科技，2018，45（1）：44–48.

［39］周尧 . 中国蝴蝶原色图鉴大全 [M]. 郑州：河南科学技术出版社，1999.

［40］朱弘复，王林瑶 . 中国动物志 昆虫纲 第十一卷 鳞翅目 天蛾科 [M]. 北京：科学出版社，1997.

［41］朱克恭，严敖金 . 园林植物病虫害防治 [M]. 南京：南京大学出版社，2000.

［42］朱小兵，吴晨诚，石富超，等 . 上海地区重阳木斑蛾生物学特性及防治技术初探 [J]. 江西植保，2008，31（4）：161–165+167.